JN097701

絶滅体験レストラン

もしも環境問題が13の飲食店だったら

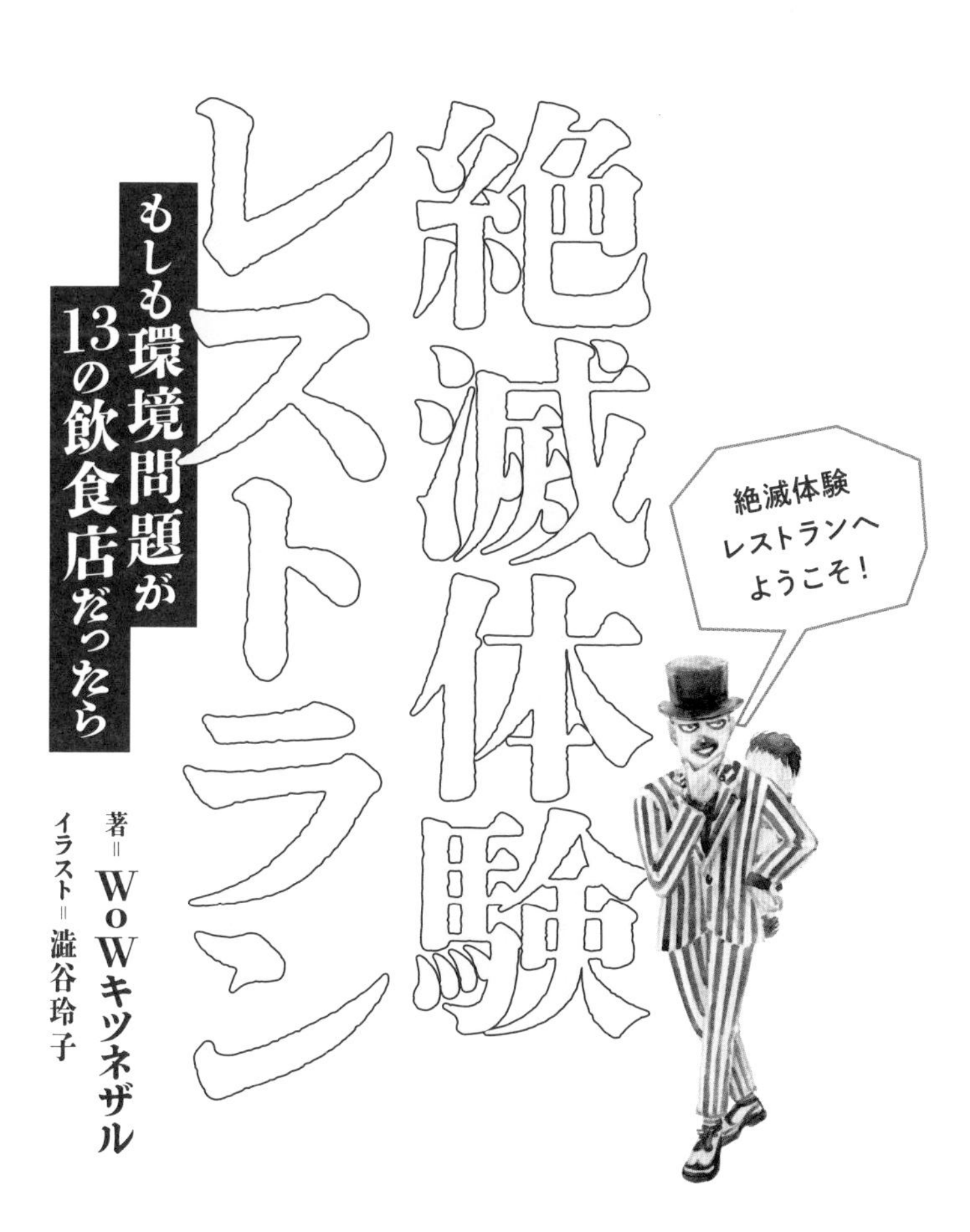

著＝WoWキツネザル
イラスト＝澁谷玲子

ARでWoWキツネザルからの
スペシャルコンテンツ！

この本を手にとっていただきありがとうございます。アテクシは環境系エンターテイナーのＷｏＷキツネザルと申します。マダガスカルに生息する絶滅危惧種のワオキツネザルをモチーフにしたキャラクターで、環境問題や生物多様性の重要性といった大切だけどとっつきにくいことを、ワクワクするエンターテイメントとＭＩＸしながら、動画やイベント、講演などで発信しています。

そんなアテクシが人生で最も心血を注ぎ作り上げたものが、２０１９年に開催した、環境問題をテーマとした体験型フードエンターテイメントショー『絶滅体験レストラン』です。コンセプトは「もしかしたらやってくるかもしれないもうひとつの未来」を、食事・ショーステージ・展示によって五感で体験するものでした。環境問題は遠い世界の話ではなく身近なもので、自分ごととして感じてもらうために「食べる」という日常的な行為と環境破壊によって影響を受ける自然や環境破壊そのものを組み合わせ、タイトルを『絶滅体験レストラン』にし、多くの人の興味を引くようなわかりやすいタイトルにしたのです。結果、これまで環境問題に興味のない人たちへ広くリーチすることができました。当日の様子を見ることができるＱＲコードを載せておきますので、興味があれば覗いてみてください。

その後、新型コロナウイルスが世界的に大流行し、各地で戦争や攻撃が始まり、世界情勢や人々の価値観は大きく変わってしまいました。そんななかでも気候変動は加速し、世

イベントの『絶滅体験レストラン』

＊絶滅体験®は、WORKS.OF.WONDERLANDの登録商標です。

界各地で自然環境が破壊され、生物多様性が失われ続けています。「今こそ、興味関心がない人たちの意識を変えるきっかけを生み出さなければ」と思いました。

今回、イベントとして作り上げた『絶滅体験レストラン』とはまったく違う『絶滅体験レストラン』を、書籍として再構築しました。この本は〝環境問題に興味がない人向けのガイドブック〟を目指しました。といっても環境問題の教科書ではありません。今、日本を含む世界中で起きている環境問題を飲食店というメタファーで、わかりやすくかつ身近に感じるようにした寓話的アプローチになっています。絶滅を引き起こす選択・行動を、架空の13の飲食店としてまとめましたが、この本で紹介されるお店に対して「絶対に行きたくない」「こんな店あってはいけない」と感じてもらうことがこの本の狙いです。その気持ちこそ、環境問題を自分ごと化し、持続可能な社会を目指す最初の一歩になると信じています。読み進めていくなかで、自分たちの生活や無関心が、環境破壊に繋がっていることを知ってもらえるはずです。それによって、この本に描かれたおぞましいお店に通う客は自分ではないだろうか？　と、日々の選択や意識を考え直すきっかけにしていただきたいのです。

さて、あなたはいくつ〝違和感〟に気付くことができるのでしょうか？

この本が、新しいあなたに出会うためのガイドブックとなりますように。

環境系エンターテイナー
WoWキツネザル

CONTENTS

イラスト＝澁谷玲子
デザイン＝細山田光宣
千本　聡（細山田デザイン事務所）

絶滅体験レストラン

カフェから鮨処まで、
あなたにおすすめの13店を厳選！

絶滅体験レストランへようこそ

キミは、「絶滅」とは何か、と考えたことはあるかな？　絶滅とは、ある種類の生き物が完全に地球上からいなくなることを指す。では、それの一体何がいけないのか、答えられるかな？　もしかしたら「地球上にはたくさん生き物がいて、数種類が絶滅したところで大きな影響があるとは思えない」「人類に有益な生き物だけを保護すれば、問題ないんじゃない？」と考えているかもしれない。

その思い込みこそが、絶滅体験レストランへの招待状だ。

生き物は、様々な形で影響しあって存在している。生き物同士だけではなく、水や日の光、土などの生き物以外の環境も同じだ。それらは長い時間をかけて複雑な関係を作り上げ、人類を含むこの地球上の生態系を形作っている。もし、生き物がたった一種でも絶滅してしまったら、その生き物と関係があるすべての生き物や環境に、大なり小なり影響を与えてしまうことになる。その影響は波紋を描き、さらなる別の種の絶滅を呼ぶ可能性がある。それによって、人類に直接利益のある生き物だって、絶滅してしまうかもしれない。

一番恐ろしいのは、どんな小さな生き物の絶滅でも、どんな影響が出るかわからないという点なんだ。日々生き物や自然環境の研究をし続けている専門家たちであっても、自然の中の生き物たちの役割や関係性を、すべて理解・解明できているわけではない。

そんな生き物の絶滅の要因は、主に5つある。

❶ **生息地の破壊**
❷ **汚染**
❸ **乱獲**
❹ **気候変動**
❺ **侵略的外来種**

……と、言葉を挙げたところでピンとはこないだろう。だが心配はいらない。そこで、この絶滅体験レストランの出番というわけだ。キミが身近に感じるであろう飲食店で、この5つの絶滅の要因を味わっていただこう。

RESTAURANT

01

山火事ラーメン

灼熱の燃える激辛ラーメンを体感!

世界を覆い尽くす業火のごとく
グローバル展開を進める話題の激辛ラーメンショップ。
世界の野生動物のチャーシューも自慢。
あなたのココロもカラダも燃やし尽くします。

INFORMATION

予算：1000円〜1500円
席数：10席（カウンターのみ）
定休日：年中無休
営業時間：11時〜24時
灼熱度：★★★★★

煙る店内と燃えるラーメン。
そして鼻をつく焦げた香り。
これぞ山火事の真骨頂！

紅蓮の炎をイメージした暖簾をくぐると、むせ返るほどの炭火の匂いと目も開けられないほどの黒煙で店内は見渡せない。山火事をリアルに再現したという店内は、柱も黒焦げになった木材を使っており、雰囲気も抜群だ。

「山火事ラーメン」のご主人は、世界で山火事が増えていることを10年ほど前にニュースで知った。そこでこれからは炎の時代が来ると確信。山火事や森林火災が増加してゆくと、森に棲む野生動物たちも犠牲になってゆく。それを使ってチャーシューやスープを作ることができるのでは、と思ったという。

この店の看板メニューは、そんな山火事で焼けた**野生動物たちの肉で作ったチャーシュー**入りの「**激辛ラーメン**」。何日も燃え盛る山火事の高熱によって水分が失われてカラカラになった自慢のチャーシューは、炭そのものを食べているようだ。スープに絡ませて食べるのがおすすめとのこと。最近は小動物から大型哺乳類、鳥類まで幅広い食材が手に入るようになった。特にコアラやジャガー、渡り鳥が増えてきたそうだ。

「これからも火災の範囲は広がっていくに違いない。もっと色んな生き物のチャーシューをメニューに加える予定だよ。それこそ希少動物だって食べられるかもしれないな」

ラーメンのベースになるスープは、黒焦げになった動物の骨に、炭化したユーカリ、乾燥した泥炭などをブレンド。独特のコクとスモーキーな香りは、ここでしか味わうことのできない唯一無二

火傷も辞さない名物のコアラチャーシュー入り激辛ラーメン(1200円)

の味に仕上がっている。

「ウチのラーメンは激辛激熱だから、慣れないとなかなか食べにくいよ。ゆっくり味わっていると煙で喉と肺が焼けちゃうから気をつけてね！」と店主はアドバイスしてくれた。

そしてラーメンのお供にぜひとも注文したいのが、渡り鳥の合い挽き肉を使った「**黒煙餃子**」。山火事の煙を吸い込んだ渡り鳥は、体の中から燻されているのでとても香ばしい。煙でよく見えなかったが、どうやらお客さんの半分以上はこの餃子を頼んでいたに違いない。

食事を楽しんでいると足元が熱くなっているのに気づいた。**床には泥炭**を使っているらしい。火がつくとなかなか消えないから、店内を温めるのに向いてるようだ。この店は、頭の先から足の先まで、様々な火災を感じられるつくりになっているのがうれしい。

お店自体は駅から離れた住宅街にあるが、迷う心配はない。数キロ離れたところからでも黒い煙がモクモクと立ち上がっているのが見える。店に近づくにつれて、建物や道路が**炭や灰で黒くなっている**ので、それを目印にしながら、焼け焦げた匂いのする方へ歩いてみよう。きっと目の前に炎の暖簾が現れるはずだ。

ヘルシーな黒煙餃子も大人気。1人前600円。

オーナーに聞く

山火事ラーメン店主の3つのこだわりとは？

1

山火事情報を不眠不休でウォッチ

「最高のチャーシューを作るために全世界の山火事の情報をリアルタイムで集めているんだ。オーストラリアのコアラは有名だけど、今はカリフォルニア、トルコ、南米、シベリアなどで火の手があがっている。ジャガーやシュバシコウの肉も手に入るようになったね。山火事は、年を追うごとに増え続けているから、本当に寝るヒマもないよ！」

2

呼吸器を直撃して山火事をリアル体験

「ウチのラーメンで、お客さんの舌だけじゃなく、煙で目や鼻、喉、肺までガツンと忘れられない刺激を届けたいと思ってるんだ。火事っていうと炎が燃えるイメージが強いじゃない。実は煙も色々なものにダメージを与えるんだよ。他にもほら、あそこに壊れた給水機があるだろ？ 何度直してもこの熱で壊れちゃうんだよ。水なしで食べきれるかな？」

3

山火事と共にグローバル展開をめざす

「今やラーメンって世界中でブームになっているよね。同じように、山火事も世界のあちこちで増え続けている。これからは、炎のようにあっという間に広がって、煙のように遠くの国まで届くラーメン屋を増やすことがオレの夢かな」

激辛ってレベルじゃない！ 目も肺もやられた…さて、キミはこのお店に潜む〝絶滅の要因〟はわかったかな？

拡大する世界の山火事被害

〝地球温暖化〟は地球の表面付近の温度が上がること、そして〝気候変動〟は温暖化によって起きる気候の変化のことを指します。近年あらゆるデータから、温暖化は人為的な原因によって引き起こされていると考えられています。そして気候変動の影響で猛威を振るうのが「山火事」（森林火災も含む）です。日本にいると無関係に感じることの災害と、国民食のラーメンという組み合わせで、山火事は他人事ではないと感じてほしいと思います。

POINT 1 野生動物のチャーシュー

山火事による犠牲

近年、世界中で山火事が増え、森林の焼失面積は20年前の約2倍まで増えています。2019年から2020年にオーストラリアで起きた大規模火災では北海道より広い面積の土地が焼け、固有種を含む多くの野生動物約30億匹が犠牲になったと試算されました。

発火原因は、落雷や火の不始末など様々なものがあります。悪化に繋がる原因は「地球温暖化」です。高温と乾燥によって、鎮火が難しく火が広がりやすくなっています。また、その山火事自体が地球温暖化を促進することも指摘されています。

近年全世界で山火事が増えている
（写真＝philips）

山火事による森林の年間焼失面積

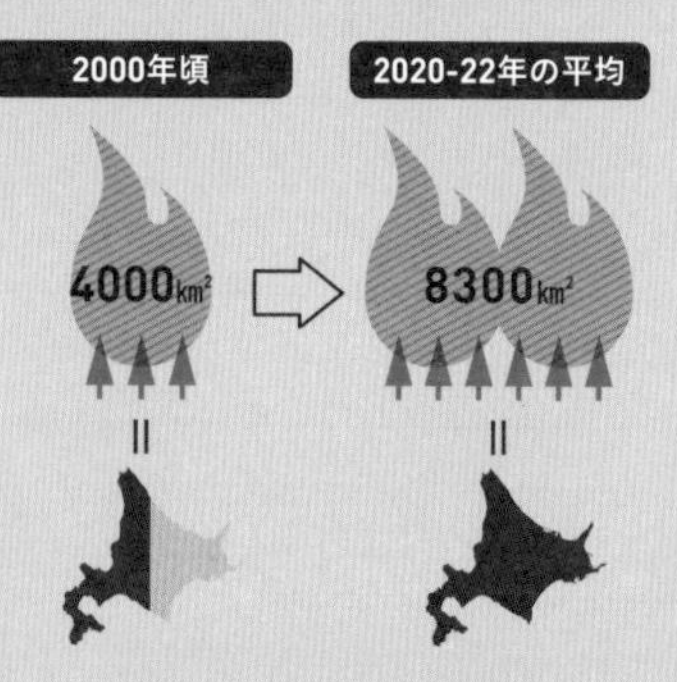

2000年頃と比べて約2倍に増えている。
参考：「Forest Fires Are Getting Worse」（世界資源研究所,2023）

温暖化で山火事が増え、
それによって
温暖化も促進されている

POINT 2
激辛ラーメン・黒煙餃子
煙や粉塵の脅威

大規模な山火事では煙や粉塵も脅威です。これらには有害物質の二酸化硫黄、二酸化窒素、微粒子のPM2・5などが含まれ、野生動物や人の呼吸器系粘膜を傷つけます。こういった煙による被害は「煙害（ヘイズ）」と呼ばれ、火よりも広域に悪影響をもたらすため、世界中で問題になっています。近年の研究で、煙や粉塵に感染症の原因となるような生きた微生物や有毒金属が含まれていることもわかってきました。

POINT 3
泥炭の床
泥炭地の火災

泥炭地とは、枯れた植物が大量の水分や寒さのせいで土壌の微生物によって分解されず、数千年かけて堆積した土壌のことで、熱帯地域や北極圏などに分布しています。泥炭地は陸地面積の約3％を占めるだけですが、土が貯蔵する炭素の量は、土壌全体の3分の1にのぼります。その泥炭地が山火事や開発によって破壊されることで、それまで蓄えられてきた二酸化炭素が大気中に放出され、温暖化を加速させています。熱帯地域ではアブラヤシなどのプランテーション開発や無計画な野焼きが増えたことなどが原因です。

POINT 4
炭や灰で黒くなっている
温暖化を加速させる灰

山火事では多くの灰が発生し、遠くまで飛んで降り積もります。灰が雪山や氷河に積もると日光を反射しにくくなり、さらに熱を吸収するため、雪や氷が溶けやすくなります。そのことが温暖化をさらに進めてしまいます。もちろん、それらを水源とする約20億人の人々の生活にも影響がでます。

参考：「火災、森林、未来：暴走する危機」（WWF・ボストンコンサルティンググループ，2020）

オーストラリアの山火事でヘイズに包まれるメルボルンの街
（写真＝Tim Allen）

炭素の蓄積場所として重要な泥炭地

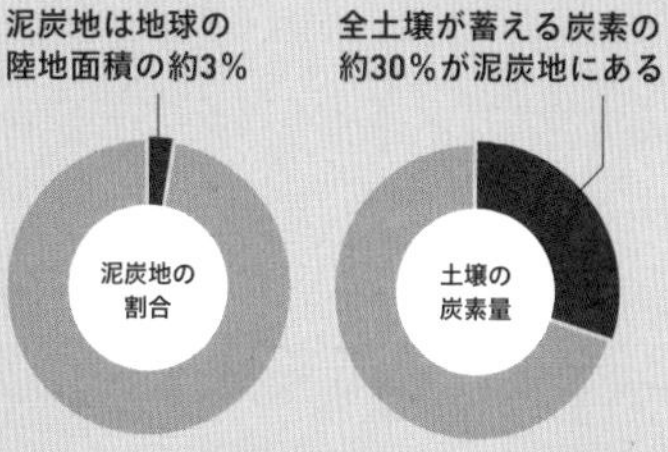

泥炭地は地球の陸地面積の約3%
全土壌が蓄える炭素の約30%が泥炭地にある
泥炭地の割合
土壌の炭素量

泥炭地は熱帯や北極圏に分布し、炭素を多く蓄積している

「インドネシアの煙害（ヘイズ）問題、乾季に多発する泥炭火災について」（WWF，2018）

RESTAURANT

02

すべてを吹き飛ばす衝撃的な出会いをあなたに

メイド喫茶 LOVE♡LOVE♡ハリケーン

いま話題の最先端メイド喫茶。
メイドならぬキュートな「ストーミーガールズ」が、
ツンデレを超えるハリケーンエネルギーで
あなたのココロと日常を揺さぶります。

INFORMATION

予算：チャージ料1時間1000円
ドリンク600円〜
ふわふわ瓦礫オムライス1200円
席数：15席
定休日：毎週火曜日
営業時間：10時〜20時
癒され度：★★★★★

ストーミーガールズがオープンエアでお出迎え。雨風を感じる店内は長靴必須です

最近、大型のハリケーンが世界中で猛威を振るい、大きな被害が発生していますよね。そんなトレンドをいち早く取り入れた〝ハリケーン〟メイド喫茶がオープンしたということで、早速行ってきました！

初めて訪れるので緊張しながらドアを開けると、メイドさんたちが笑顔で「嵐の中へようこそ！ご主人様♡」と温かく迎えてくれます。

竜巻風のツインテールと、雷をイメージしたコスチュームなので、彼女たちはメイドではなく**ストーミーガールズ**と呼ぶのだそう。キュートな見た目とは裏腹に、折れたボロボロの傘を持っているのも、ギャップ萌え！　キュンキュンが止まりません！

「店内はちょぉっぴり危険なので、こちらをお履き下さい！」と言って渡されたのは、鉄芯入りの安全長靴。お店の中は暴風雨が過ぎ去った直後のように水浸しで、瓦礫や大きなガラスの破片も転がっています。しかも突風で吹き飛ばされてしまったのか、天井はオープンエア。どんよりと曇った空からは、今にも大粒の雨が降り出しそうでスリル満点です！　店内には潮風の香りも漂っていて、どうやら嵐だけじゃなく高潮の影響もあるようです。

おすすめメニューの「**ふわふわ瓦礫オムライス**」をオーダーすると、運ばれてきたのは、テーブルに置くだけでプルプルと震える本格的なオムライス。壊れた街を闊歩するネズミをモチーフにしているだけあって、可愛くも刺激的。そしてお待ちかねの〝雨乞いパフォーマンス〟です！　彼女

外はふわふわ、中はゴリゴリ。これがストーミーガールズ
おすすめの「ふわふわ瓦礫オムライス」(1430円)

たちの「LOVE♡LOVE♡ハリケーン!!」の声とともに、オムライスにスプーンを入れると、トロトロの卵の中から流れ出てきたのは、泥まみれの瓦礫、壊れた家財道具や電化製品の一部！「私たちストーミーガールズが、たっぷりの愛情と台風エネルギーを込めて作りました！　さあ、たくさんのLOVEを入れておきましたので、め・し・あ・が・れ♡」

さすが、台風のエネルギーは凄まじい！　瓦礫のなかには、爆撃されたかのような粉々のガラスや建材が入っています。他には家族で撮影した記念写真でしょうか。台風は、建物だけでなく家族の思い出もメチャクチャにしてしまうんですね。

このお店では、一時間に一回スペシャルなイベントがあります。それは、ストーミーガールズによる〝**線状降水TIME**〟。ライフルの形をしたホースで、各テーブルに大量の水が放水されます。まさに鉄砲水!!　服はもちろんびちゃびちゃ。食事も荷物も流されてしまいます。自分だけは大丈夫と思っていたら大間違い！　こういったアクシデントも、このお店ならではの楽しみです。

帰り際にストーミーガールズと握手をしてお礼を伝えると、「ご主人様！　どこにいてもアタシたちのLOVE♡LOVE♡ハリケーンから逃げられませんからね♡」と応えてくれます。今日は、彼女たちのハリケーンエネルギーのおかげで、日頃の疲れを吹き飛ばしてもらえました。ただし、ハリケーンの猛威を体感するのは、このお店の中だけにしたいものだとつくづく思いました。

ストーミーガールズからの LOVE♡LOVE♡メッセージ

1 ハリケーンエネルギーをあなたに注入しちゃいます!

「ご主人様、大規模台風と大規模地震のエネルギーはどちらが大きいか知っていますか? 実は、ハリケーンや台風の方が断然大きいんですよ! そんなハリケーンのメガパワーを、ストーミーガールズがご主人様に注入しちゃいます。メロメロになったご主人様の日常は、一瞬で破壊されちゃうかも!?」

2 きっとあなたのお好みのストーミーガールが見つかるはず!

「私たちストーミーガールズには、お目々パッチリなカワイイ系、ゆっくりしゃべるおっとり系、予測不可能な行動をする天然系など、台風と同じように個性豊かな子が揃っています。きっと、何度も通うと、ご主人様好みのガールが見つけられるはずです!」

3 料理には、生産者の想いがこもった素材を使っています!

「LOVE♡LOVE♡ハリケーンはメイド喫茶ですが、本格的なお料理が自慢! それは食材がすべて本物だからです! 私たちが台風の通り過ぎた街から集めてきた瓦礫や家財道具たちを使った本物の味を、ぜひ楽しんでくださいね♡」

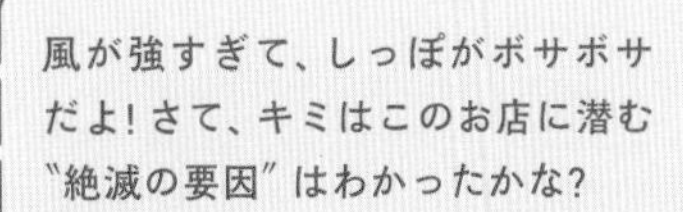

泥だらけのチェキも人気だ

地球温暖化で台風が強大化し、被害も大きく

地球温暖化によって海水温が高くなり海水の蒸発量が増えることで、台風やハリケーンの勢力が増し、勢力が長続きするようになりました。台風大国の日本にとって、他人事ではありません。

POINT 1 ストーミーガールズ

地球温暖化で変わる台風

日本における水害による被害額は、2019年度に2兆1800億円を超えました。災害大国と呼ばれる日本において、災害の発生数は台風が一番多く、次いで地震、洪水となります。

東京に接近する台風の数は、この20年で1・5倍に増えています。これらの原因には、自然変動と温暖化が影響していると考えられています。温暖化の影響によって今世紀末には、台風の移動速度が約10%遅くなり、台風の影響が長引く試算が出ています。

大きな被害を出した令和元年東日本台風は、温暖化によって総降水量が10%程度増加したものと見られています。温暖化が進行すると、台風がより発達した状態で上陸する可能性があり、降水量が増え、川の氾濫リスクが高まります。平均気温が2℃上昇した場合、台風の発生は14%減る代わりに、強い台風の発生割合は13%増加し、平均降水量も12%増加、台風の平均強度が5%増加すると予測されています。

参考：「勢力を増す台風」（環境省／2023年）

東・東南アジアで強い台風が増えている

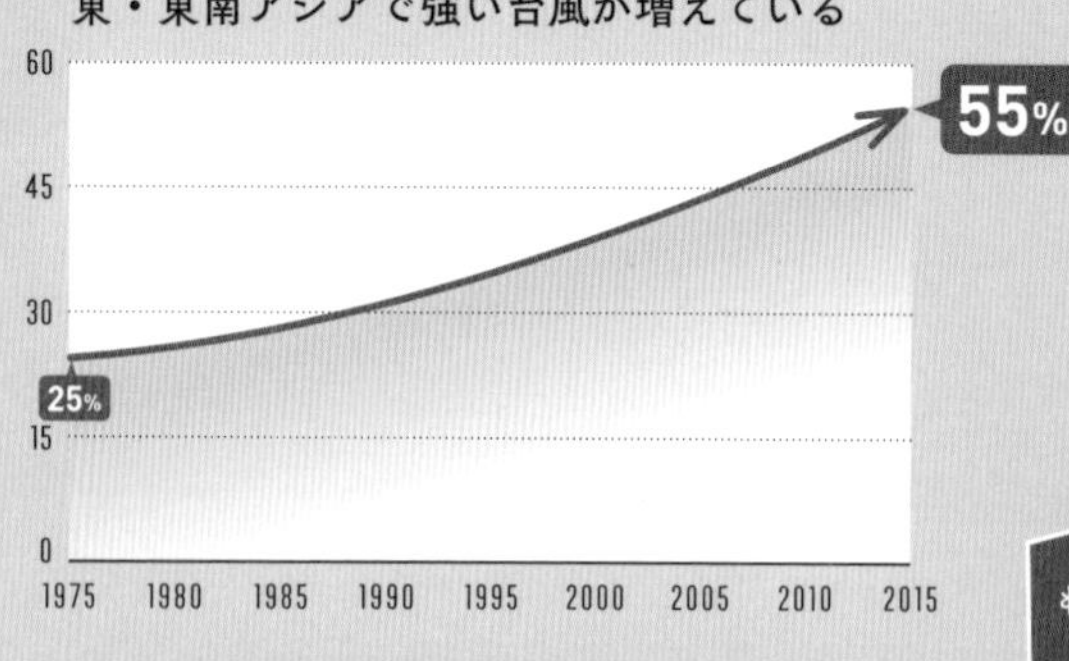

台風のうちカテゴリー4〜5の強い台風の割合が1970年代よりも2〜3倍高くなっている Mie and Xie (2016) を改変

ものすごいエネルギーの台風が増えている!?

監修＝江守正多（東京大学未来ビジョン研究センター／国立環境研究所）

POINT 2 ふわふわ瓦礫オムライス

台風の被害と処理問題

台風や集中豪雨による水害は日常を破壊する被害を生み出します。また瓦礫が散乱することで、道路や電線などのインフラが破壊・妨害されたり、悪臭や害虫の被害、感染症の蔓延などの二次災害に繋がります。その処理にも時間がかかってしまいます。アメリカのハリケーンでも話題になりましたが、近年の日本の水害で出た災害廃棄物の量と処理期間を見ると、平成30年7月豪雨では200万トン（岡山県・広島県・愛媛県）で約2年、令和元年房総半島台風・東日本台風では167万トンで約2年、令和2年7月豪雨では56万トンで約1・5年となり、処理にはコストと時間がかかります。

参考：近年の自然災害における災害廃棄物対策について（環境省／令和2年）

台風が強大化すると被害も大きくなる（写真はアメリカのもの）
（写真＝Eric Overton）

POINT 3 線状降水TIME

集中豪雨の増加

近年、線状降水帯が注目されています。数時間にわたり、狭い範囲で強い雨が降り続く危険な現象です。日本では、線状降水帯を含む集中豪雨の発生頻度がこの45年で約2・2倍になっています。温暖化が2023年より1℃進むと線状降水帯の発生回数が1・3倍増える試算もあります。このような傾向は世界中に広がっており、猛烈な豪雨、それに伴う洪水や冠水の被害が増え、各地で大きな人的被害も発生しています。

参考：気象研究所報道発表（気象庁気象研究所／2022年、2023年）

温暖化が進むと集中豪雨が多くなると予測されている
（写真＝rssfhs）

ダイナー | HAMBURGER SHOP

RESTAURANT

暑さを忘れる
クールなハンバーガーショップ

ポーラーメルトダイナー

一歩お店に入ったら、
そこは常夏の氷雪のリゾート。
極地の非日常を全身で体験し
心も体もクールダウン。

INFORMATION

予算：1000円〜3000円
席数：25席
定休日：日曜
営業時間：11時〜23時（ラストオーダー22時）
クール度：★★★★★

水浸しの店内でリゾートな極地を満喫しよう

気温40℃、アスファルトを焦がすような灼熱の太陽から逃げ出したい。このまま街を歩き続けていると、熱中症で今にも倒れてしまいそうだと思ってドアを開けた瞬間、そこには信じられないような別世界が広がっていた。

視界いっぱいに眩しいばかりの青白い氷が飛び込んでくる！　そして可愛らしいコウテイペンギンの制服を着たヨチヨチ歩きのキュートな店員が迎えてくれた。ここは、北極や南極の氷河や永久凍土を食材や壁などの内装に使っている「ポーラーメルトダイナー」というハンバーガー専門のダイナーだ。

店内の壁や天井は一面氷河で覆われているが、外気温があまりに高いので、どんどん溶け出して**床を水浸し**にしている。そんなことはお構いなしにお客さんたちはアロハシャツやチューブトップに短パン、足元はビーチサンダルで、まるで南国リゾートのビーチサイドバーに遊びにきているかのようだ。

お店の看板メニューは、「**氷河シェイク**」。これは、店内の内装やインテリアとして使われている氷河をそのまま削って、ミルクとアイスを混ぜたもの。初めて体験する味に飲む前からドキドキするが、氷河がほどよく溶けて飲みやすい！　さっぱりとした喉越しは、暑さで気を失いそうな夏の時期にぴったりだ。

そして、食事の方も見逃せない。いち押しは、程よく溶けた氷河のバンズに世界中

溶ける店内の氷河を使った「氷河シェイク」(700円)。リゾート感あふれ、のどごしさわやか

3種類の味から選べるメルトバーガー(1650円)。
これはホッキョクグマとアザラシのお肉を使った
「北極バーガー」。ジューシーな肉汁がたまらない

から取り寄せたよりすぐりの熱々のチーズがトロリとかかった「**メルトバーガーシリーズ**」。パティは極地の生物3種類の中から好きなものをチョイス可能だ。

「北極バーガー」は、捕食者であるホッキョクグマと被食者であるアザラシの両方の肉を一度に味わえる贅沢な一品。食物連鎖をリアルに体感できることから、夏休みの自由研究の題材として食べに来る小学生も多いという。「月見ペンギンバーガー」は半熟に調理されたペンギンの卵のまろやかさが口いっぱいに広がる。そして「オキアミコロッケバーガー」は、何百匹というオキアミをコロッケ状にして揚げたもので、甲殻類特有の殻がサクサクと香ばしい。

また、名物であるホッキョクグマの着ぐるみを着た気さくな店長との会話も、この店の魅力のひとつ。テーブルを回ってくれるので、一緒に写真を撮ることができる。子どもからお年寄りまで幅広い年齢層のお客さんに人気だ。

想像を超えるほど暑さを増していくサマーシーズン。ポーラーメルトダイナーで、極地の爽やかさを体験してみてはいかがだろうか。ただし、店内が溶け出した水でいっぱいになってしまう前に来店することをおすすめする。

店長インタビュー

極地の魅力を感じるポーラーメルトダイナー

極地と聞くと、北極や南極といった厳寒の地を思い浮かべる方も多いのではないでしょうか。そんな厳しい自然環境をテーマにしたレストラン、「ポーラーメルトダイナー」の店長にお話を伺いました。

——まず、お店のコンセプトを教えてください

「地球上でも極地って、訪れたことのある人が少ないじゃないですか。つまり究極の非日常だと思うんです。そこをリゾート気分で楽しんでもらえたらと思って店を開きました」

——お店を始めてから、もう長いんですか？

「かれこれ30年以上になりますね。はじめた当初は、お客様から店内が〝寒すぎる〟って苦情もあったんですよ。でもね、今では氷河も溶けるちょうどいい温度になってきました。地球温暖化さまさまですね！」

——店内はお客さんでいつも満員ですね！

「本当にありがたいことに、連日たくさんのお客様にお越しいただいています。店内の氷が溶けていくスリリングさと清涼感がウケているのかなと思います。ただ、事務所の氷が溶けるのがすごく早くて、私の賄いがいつも流されてしまうんですよ。全然食べられないので、体重が30kgも落ちてしまいました。このままだと倒れちゃうかもって、スタッフには心配されてますね（笑）」

——お客さまへのメッセージをお願いします。

「ぜひモフモフの毛皮の着ぐるみを着た、ガリガリな店長に会いに来てください。それと、『氷が溶けて濡れるのが嫌！』といって店員のコウテイペンギンちゃんたちがどんどん辞めてしまったのでスタッフが足りません。店内の床の永久凍土が溶けて雑草も生えてきたので、とにかく人手がほしいんです！　日々店内の環境が変わりますが、それでも働きたいという方、募集中です！」

上からも下からも水がきて、びちゃびちゃだ。さて、キミはこのお店に潜む〝絶滅の要因〟はわかったかな？

地球全体に影響を及ぼす極地の環境変化

北極と南極は温暖化の影響を強く受けている地域です。北極圏の温暖化のスピードは、これまで「その他の地域の2倍のスピード」と考えられていましたが、2022年に「約4・5倍のスピード」だと発表されました。

極地や山岳部の雪や氷が溶けることで、海の沿岸地域や海抜の低い島国、あるいは高山地域に住んでいたり、それらと密接な関係にある人や生物たちは、海水面の上昇やさまざまな環境変化に晒されます。

極地の環境の変化は、温暖化がどれほど進行しているかを知らせる警報システムとも言えます。

POINT 1 店内の水浸しの床

極地の氷が溶ける影響

氷河や海氷の氷や雪は、太陽の光を80%反射し、地球の表面温度の上昇を抑える役割があります。しかし、温暖化によって北極地域の氷が溶けることで、太陽光の吸収率が高い海水の面積が増えます。すると極地の気温が上昇するだけでなく、地表との間に熱をこもらせる低い雲も形成しやすくなります。

その他にも極地の温暖化によって、氷河の表面を黒くするバクテリアや藻類が繁殖し、融解が進みます。このように氷が溶けることで負の連鎖が起き、

氷河が溶ける速度が加速度的に上がっている　（写真＝Don Mennig）

北極や南極の変化は、
アテクシたちの生活に
ダイレクトに影響する

温暖化が加速する事態が起きています。
また、北極の海氷が減ることで、ジェット気流を弱め、北米、ヨーロッパ、アジアの異常気象をもたらしている可能性も指摘されていて、地球全体の気候変動に影響を与えることが懸念されています。

海面上昇は海抜が低い国では致命的だ（写真はフィジー）
（写真＝MikaelEriksson）

海水面の上昇

陸地にある氷床が溶けると海水面が上昇します。80％が氷床に覆われるグリーンランドでは毎秒1万トンの氷が消えています。さらに、温暖化によって海水が温められることによって、水は温度の上昇によって体積を増す〝熱膨張〟が起き、海水面が上昇します。

すでに世界の平均海面水位は、1900年からみて20㎝ほど上昇しています。海抜が低いフィジー、ツバル、マーシャル諸島は高潮の被害を受けやすい島国であるため、海水面の上昇に対する懸念が高まっています。日本でも仮に海水面が1ｍ上昇した場合、砂浜の9割以上は失われ、東京の沿岸部では高潮による浸水の危険性が高まります。

このまま温室効果ガスの排出削減がない場合、海水面の上昇によって2100年には世界中の沿岸部の都市で、合計約1070兆円の経済的損害がでると試算されています。

POINT 2 氷河シェイク

失われる氷河とその影響

地球上の水は、多くが海水であり淡

ヒマラヤなどの高山にある氷河の融解が進んでいる
（写真＝DanielPrudek）

水は2・5%しかありません。その淡水の約70%が氷床や氷河に存在しています（残りは土中の水分や地下水）。

特に高山に存在する氷河は巨大な貯水タンクとして、アメリカ西部、南米、インド、中国の数億人と流域の生態系を潤していますが、これらが縮小や消失すると、この地域に住む人々や生物が危険に晒されます。

温暖化で雪が雨になって降ったり、例年より早く雪解けすると、山岳部で洪水を引き起こしたり、暖かい季節には水の供給量が減ってしまいます。溶けた水（淡水）が大量に海に流れ込むと、海水の循環を変えます。これは、海洋全体の物質や熱の循環にも変化を与えることになり、地球全体の気候、海の生態系にまで影響が及びます。そして、今まで氷河があった場所が剥き出しになり、土砂崩れや地滑りが起きやすくなります。氷河を失うことは、その地域だけではなく、地球全体にも影響が出ることを忘れてはいけません。

POINT 3 メルトバーガーシリーズ

海氷が溶けて絶滅へ

北極域の海氷域面積は1979年以降長期的に減少し続けており、特に年最小値に注目すると、1年当たり北海道ほどの面積（8・3万平方キロ）が失われています。そこに住むホッキョクグマは近年、推定2万6000頭まで数が減りました。減少の理由は様々ですが、ひとつには海氷の減少によって餌であるアザラシの狩りがうまくいかなくなったことがあります。ホッキョクグマは海氷に開いた穴からアザラシが呼吸するのを待ち伏せして狩りをしますが、海氷が減ったことで狩りの成功率が落ちてしまうのです。

一方、南極では海氷（棚氷）の上で繁殖と子育てを行うコウテイペンギンに影響が出ています。近年、南極の海氷面積が記録的に少なくなり、それが年間を通じて続いたことにより、2022年にはコウテイペンギンの5つある繁殖地のうち4つが消え、ヒナが全滅していたことが確認されました。このままだと2050年までに個体数は最大47%減り、2100年には99%失われてしまうと試算されています。

南極ではコウテイペンギンの繁殖場所が消失した　（写真＝Michel VIARD）

また、南極の豊かな海の生態系を支えているナンキョクオキアミも減っています。オキアミは、ザトウクジラなどの鯨類やイカや魚類、ペンギン、そして人類という様々な生き物たちの食料として生態系を支えています。また

北極では海氷が少なくなり、アザラシ狩りが難しくなったホッキョクグマ
(写真＝Mario_Hoppmann)

オキアミは炭素を蓄えた植物プランクトンを食べ、炭素が豊富な糞を海底に落とすことによって、大気から炭素を切り離す役目を担っています。そのオキアミの個体数は1970年代半ばから減少しており、分布も南へ移動し、南極の生態系に大きな影響が出始めています。

POINT 4 雑草生えてきた 寝た子が起きる永久凍土

北半球の陸地の約25%を占める永久凍土の中には、植物や動物が分解されず凍ったまま閉じ込められています。これらが、温暖化・降水などによって暖められ永久凍土が溶けてしまうと、凍っていた有機物の分解が始まり、大気中に温室効果の高いメタンや二酸化炭素が放出され、温暖化が加速してしまいます。永久凍土には大気の2倍、地上に生存する植物の3倍程度の炭素が含まれていると推定されています。

また、永久凍土の中には未知のウイルスや細菌が閉じ込められていることがあります。2016年に、シベリアの永久凍土の中で凍っていたトナカイの死骸に炭疽菌が潜んでおり、それにより2000頭以上のトナカイに感染し、それが人に広がって少年一人が死亡してしまいました。永久凍土の融解は、様々な問題を誘発し、生態系や人類にとって悪影響を与える可能性が高いのです。

参考：「北極域の氷河と氷床」(北極域研究共同推進拠点)、IPCC「海洋・雪氷圏特別報告書」の概要（環境省、2020)、IPCC第6次評価報告書第1作業部会報告書［2021]、「地球温暖化の影響について」(全国地球温暖化防止活動推進センター)

今宵あなたはマーメイド。
新感覚ホストクラブ

ロイヤルオーシャン

青い海。白く輝くサンゴ。
南の海をイメージした店内で
キャストたちの灼熱の愛が
あなたの心も体も溶かします。

INFORMATION

予算：テーブルチャージ・席料1時間5000円
指名料5000円〜1万円
飲食費1000円〜
席数：50席
定休日：毎週月曜日
営業時間：18時〜24時
熱気度：★★★★★

真っ白に輝く「ホワイトコーラル」がはじまると店内の盛り上がりは最高潮に

宵ときめきを求めて私が足を踏み入れたのは、東京にある新進気鋭のホストクラブ、その名も「ロイヤルオーシャン」。ドアを開けると広がるのは、浅瀬の海をイメージした神秘的な空間。静謐なマリンブルーのダウンライトに照らされた店内は、まるで南国の海に迷い込んだかのよう。真っ白な床は上から降り注ぐ光を反射して、店内全体が幻想的に輝いています。

「ようこそ、お越しくださいました！」

熱帯魚のようにカラフルなスーツを纏ったキャストたちが、泡立つ海の中を泳ぐかのごとく、華やかに私たちゲストを迎えてくれます。そしてエントランスの奥から、街を走り回っている派手な宣伝トラックでお馴染みのロイヤルオーシャンの看板トリオ、〝白化（はくか）コラル〟、〝紅赤潮（べにあかうしお）〟、〝花流詩無（かるしむ）〟が現れました。彼らのラグジュアリーなスーツは、真っ白い内装に鮮やかに映えて、まるでモダンアートの作品のようです。

席について10分もすると、なんだか暑くなってきました。キャストに聞いてみると、店内はあえて**汗ばむ室温**に保たれているとのこと。冷たいお酒を楽しんでもらうためだそうですが、キャストたちやゲストの熱気もあり、少し息苦しい。暑いのが苦手な人は注意が必要かも。

ロイヤルオーシャンと言えば名物の「**ホワイトコーラル**」。これは、サンゴの塔にシャンパングラスを並べて作る高さ15段のシャンパンタワーです。注文が入ると、一気に店内がヒートアップ。店内の照明はブラックライトに切り替わり、キャストたちのスーツが怪しく光り出しました！二

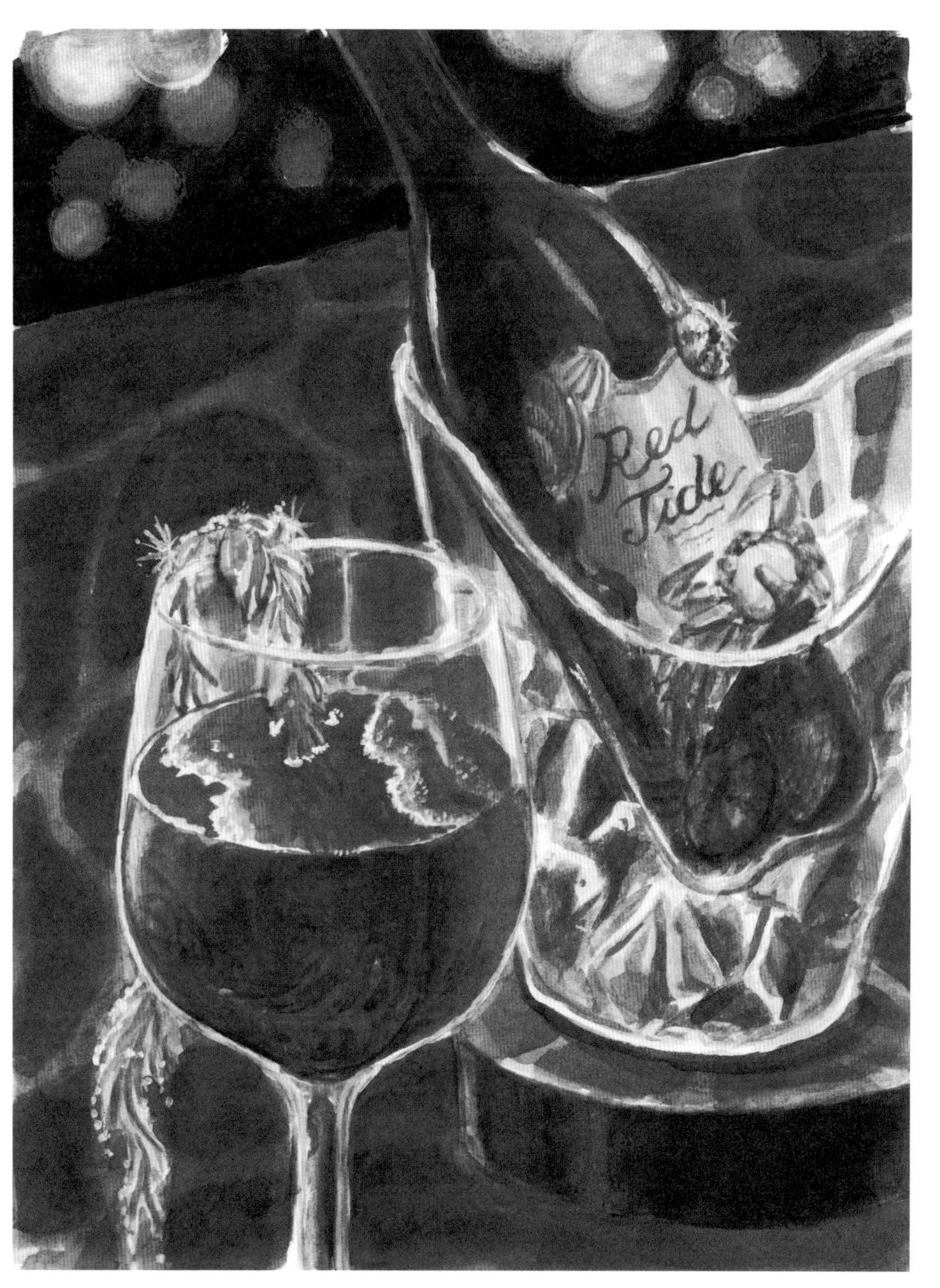

最高級ワイン「レッドタイド」の豊潤な香り
とデカダンスな世界をぜひ体感してほしい

酸化炭素の泡で弾けるシャンパンが注がれるたびにサンゴが白く煌めき、キャストとゲスト全員が歓声を上げます。その一体感は最高の興奮をもたらしてくれます。少しずつ溶けていくシャンパンタワーはとても刹那的。まるで気泡のように儚く消えてく様子は、とても美しく感じます。金曜日はこのホワイトコーラルが一晩中続くため、ブラックライトの紫外線を気にするゲストへ、**日焼け止めクリーム**を配るサービスもあるのだとか。ホスピタリティも行き届いています。

しかし、この南国の楽園にはさらなるサプライズが！　最高級ワイン「**レッドタイド**」の登場です。赤潮と名付けられたこのワインが注文されると、店内は血のように真っ赤な照明が煌めきます。そしてポンッとコルクが開けられた瞬間、空間を包むのは強烈な腐敗臭。この香りに慣れているキャストたちさえも息苦しそうにせき込んでいます。しかし、この独特の香りこそが、一部の選ばれた者たちだけが楽しむことを許される、至高のラグジュアリー体験なのです。

私にとって初めてのホストクラブ体験でしたが、そこはまさに浅瀬の楽園！　カラフルなキャストたちと共に、ハイクラスパーティを楽しむことができる、そんな特別な一夜をあなたも体験してみませんか？

オーナーに聞く

ロイヤルオーシャン、その経営哲学とは？

1

童話の主人公になれるホスピタリティ

「ゲストはマーメイド。これがロイヤルオーシャンの哲学です。ゲストは店に入った瞬間に日々の悩みを忘れ、常夏の真っ白なサンゴ礁の中を優雅に泳ぐ人魚姫になっていただきます。明日のことなんて考えず、とことん好き勝手に遊んでいただきたい。そんなマーメイドにお仕えするのが、コラルを始めとした熱帯魚に扮したキャストなんです」

2

白化サンゴや赤潮の美しさを共有したい

「僕が初めてオーストラリア旅行に行ったときに、グレートバリアリーフの真っ白なサンゴ礁を見て、すごくキレイだと思ったんですよ。その感動をみなさんと共有したくて、お店で表現することにしたんです。同じく赤潮も海が真っ赤に染まっているのが、なんてロマンチックなんだと思ったので、メニューに加えたんですよ」

3

サンゴの白化とともに店舗拡大を目指す！

「今、サンゴの白化現象って世界中で拡大してますよね。グレートバリアリーフだけじゃなく、沖縄やモルジブ、紅海なんかでも増えているんです。そんなサンゴの白化スピードに負けないように系列店を拡大していこうと思っています」

レッドタイトの匂いがすごくて…オエっ…さて、キミはこのお店に潜む〝絶滅の要因〟はわかったかな？

海の変化が地球を覆う

POINT 1 ホワイトコーラル
サンゴの白化現象

サンゴの白化現象が世界の海で増えています。サンゴの白化現象とは、サンゴと共生している褐虫藻が失われることで起こります。海水温の上昇が大きな原因ですが、他にも低水温や強い光、紫外線、低塩分、土砂の流入などもサンゴの白化に繋がります。白化ですぐにサンゴは死滅するわけではありませんが、病気や栄養不足のリスクが高まり、環境が回復しないといずれサンゴは死んでしまいます。

サンゴが長い時間をかけて作った「サンゴ礁」は地球表面の0・1%しかないにも関わらず、生息する生物種は9万種を超え、これは見つかっている海洋生物の約25%になります。また、サンゴ礁は観光資源になるとともに、高波から陸地を守る防波堤の役割をしています。

POINT 2 汗ばむ室温
海水温の上昇と酸性化

2023年8月の地球の平均海水温は20・96℃に達し、史上最高を記録しました。世界全体の年平均海面水温は長期的に上昇しており、2023年までの100年間でプラス0・61℃のとなりました。海域によって差違があり、日本近海ではプラス1・28℃でした。

海面水温の上昇は地球温暖化ほかに、そもそもの周期的な変動と重なり合って影響します。海水温の上昇は、海洋生物の行動を変化させ、生き物たちが適温を求め移動してしまうので、漁業

各地のサンゴ礁で白化が頻発している
(写真=Velvetfish)

色を失ったサンゴは、危険な状態だ！

監修＝山野博哉(国立環境研究所)

にも大きな影響が出ます。
また「海の酸性化」も指摘されています。海水に二酸化炭素が溶け込むことで酸性に傾き、それによって海水の炭酸カルシウムから骨や殻を作る貝やエビ、カニ、サンゴ、有孔虫などの成長や繁殖を妨げてしまいます。

参考：欧州連合コペルニクス気候変動サービス

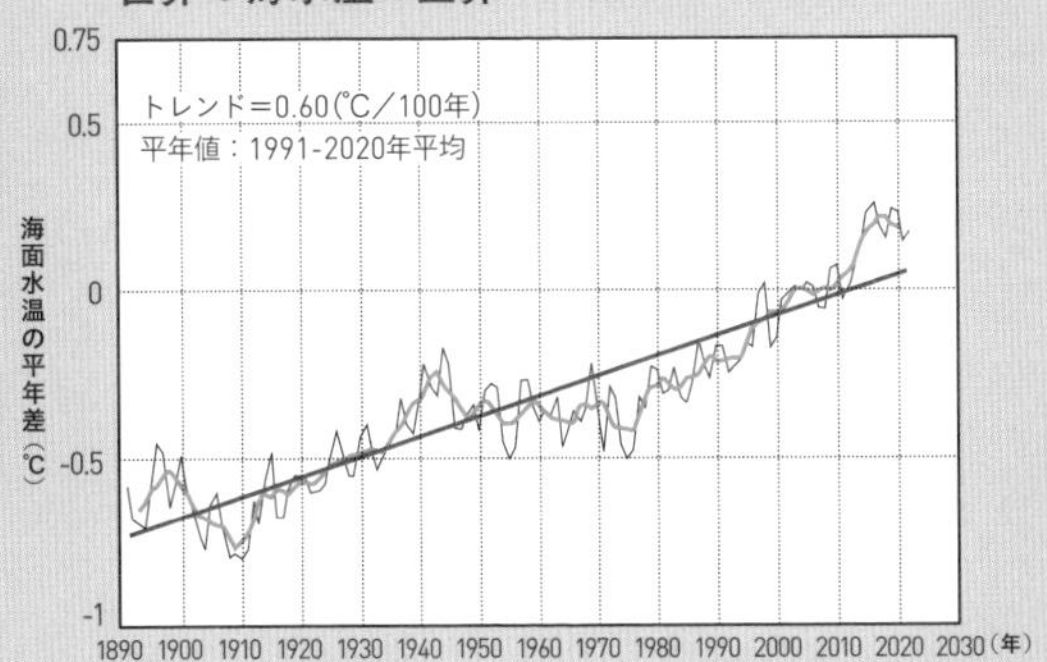

海洋の健康診断表 海面水温の長期変化傾向（全球平均）（気象庁,2023）

POINT 3

日焼け止めクリーム

化学物質による海の汚染

皮膚がんやシミ予防のために、日焼け止めクリームを塗る人は多いでしょう。それによって世界中で年間1万4000トンの日焼け止めが海に流れ込んでいると言われています。紫外線吸収剤のオキシベンゾンやオクチノキサートなどの成分は、サンゴの白化現象や海洋生物の遺伝子を傷つける要因のひとつとなっています。世界のビーチリゾートでは販売や使用が禁止される場所も増えてきました。

POINT 4

レッドタイド

海の富栄養化と赤潮

赤潮は主に水中の植物プランクトンが爆発的に増えることによって起きます。水の富栄養化が原因で、洗剤や農薬、肥料が海や湖に流れ込み、プランクトンの栄養となるリンや窒素が豊富になりすぎてしまうのです。この増えすぎたプランクトンが魚のエラに詰まったり、プランクトンが出す毒や彼らの呼吸によって水中の酸素が少なくなることで、他の海洋生物が死んでしまうのです。赤潮は世界各地で起き、地域の生態系や漁業、養殖業に大きなダメージを与え、その腐敗臭により近隣の住民にも悪影響があります。

全世界で赤潮が増えている
（写真＝y-studio）

RESTAURANT

05

世界のビールを
地球の隅々からあなたの元へ

ロストトロピカル

いま話題のコンフリクト・ビールを知っていますか？
人と自然の出会いが産む奇跡のビールです。
そんな話題のビールを、世界中から集めたビアホールです。

INFORMATION

予算：ビール各種1000円〜
料理1000円〜
席数：50席
定休日：水曜日定休
営業時間：ランチ11時〜15時
ディナー18時〜24時
リーズナブル度：★★★★★

ウッディで明るい店内で自慢のク
ラフトビールをいただきます

久しぶりに友人たちと再会したとき、大変だった仕事が一段落したとき、美味しい食べ物を目の前にしたとき、ビールが飲みたくなりませんか？　そんなときこそ、訪れてほしいのが「ロストトロピカル」です。

このお店の最大の特徴は、世界中の「**コンフリクト・ビール**」が味わえること。なかでも人気なのが、象の鼻のタップハンドルが目印のエレファント・ラガー、ジャガーの尻尾のタップハンドルにキャタピラのついたグラスで楽しむジャガー・ピルスナー、ユキヒョウのホワイトエール、オジロワシのレッドエールです。ほかにも、様々な国や地域の特色を生かしたコンフリクト・ビールが毎週のように入荷されるので、ビール好きにはたまりません！

店内を見渡してみると、ドイツのビアホールさながらの賑やかな雰囲気。スタッフたちもカラフルな民族衣装に身を包み、笑顔でサービスしてくれます。かぶっている頑丈そうなヘルメットがギャップがあっていいですね。テーブルには天然の樹木の切り株を使い、イスは本物のショベルカーの座席というこだわりっぷり。そして家畜や乳製品、金の採掘、大豆、小麦などをモチーフとしたユニークな壁画が、「ロストトロピカル」らしさを演出しています。ＢＧＭとして、チェーンソーの音や木が倒れる音が絶えず鳴り響いていますが、不快に感じることはありません。むしろ、まるで開発中の森の中にいるかのような気分に浸ることができます。

そして、ビールのおつまみとして外せないのが「**開発バーニャカウダ**」。たっぷりの新鮮な野菜

賑やかな店内で自慢のクラフトビール「コンフリクト・ビール」4種(各1000円)。タップハンドルもビアグラスも特注だ。開発バーニャカウダ(1200円)はこだわりの野菜をパーム油でいただく

をアンチョビとパーム油のソースにつけて味わってください。食べ進めていくとお皿に描かれた農地の絵がどんどん見えてくるのも楽しめます。

ビールとバーニャカウダでお腹がいっぱいになったと思っても、デザートは別腹。スタッフに「どんなデザートがおすすめですか？」と聞いてみましょう。きっと「**ゴールドラッシュ・バームクーヘンです**」という答えが返ってくるでしょう。「えっ！　ビアホールでバームクーヘン!?」と驚く人もいるかもしれませんが、実はこれが大人気。ビールでほろ酔いのあとに優しい甘さが好評なのです。この巨大なスイーツは、その名のとおり表面が砂金でキラキラしています。さらに、ツルハシやスコップ型のカトラリーを使って崩していくと、中に隠れている金やレアメタルを発見！　まるで子どもの頃に夢中になった宝探しのような体験ができるのです。

日常の喧騒を忘れ、友人や家族、恋人との特別な時間を楽しみたいなら、「ロストトロピカル」は、ぜひともおすすめです。世界の美味しいコンフリクト・ビールと料理にデザート、そして心地良い雰囲気で、素敵な時間を過ごしましょう！

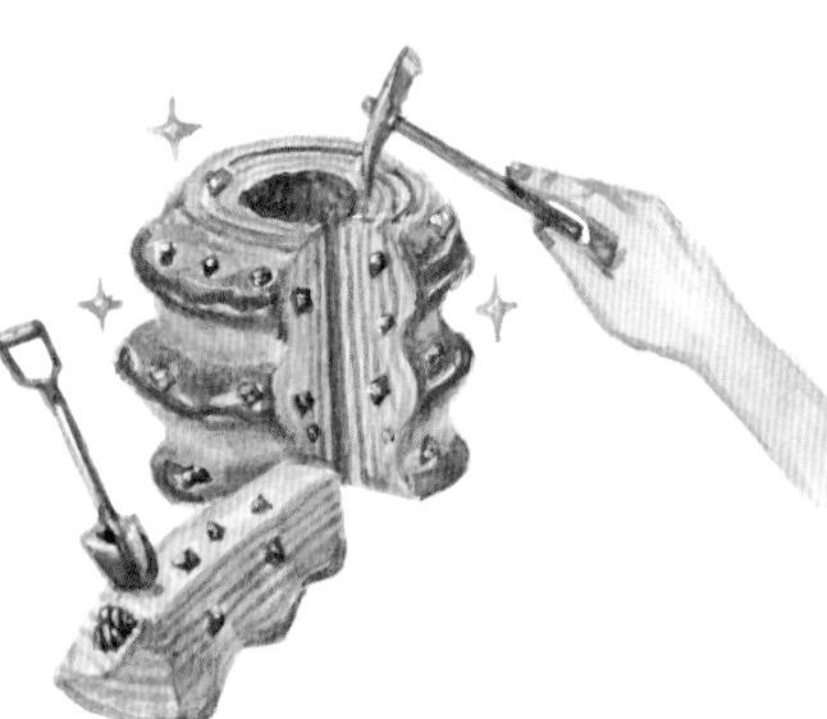

店長に聞く

ロストトロピカルのメニューに込めた思いとは？

1

世界各地から集めたコンフリクト・ビールを提供

「ウチの店では世界中のビールを飲めますが、日本ではあまりなじみのない地域のビールも取り揃えています。例えば、ユキヒョウのタップハンドルのホワイトエールは、ヒマラヤ山脈の極寒の山岳地帯で作られたもの。地球上には、まだまだ知られていないコンフリクト・ビールがたくさんあるので、これからも見つけ次第、提供したいと思っています」

2

ビールに合う、油にこだわった料理もご賞味あれ

「ビールと一緒に楽しめる美味しい料理は、ビアホールには不可欠です。そこでアブラヤシからできた良質なパーム油を大量に仕入れて、調理に使っています。一度2022年に、生産国のインドネシアがパーム油の輸出を禁止したことがありましてね。そんなことがもう起きないように、これまで以上に大規模に生産してほしいと思いますね」

3

宝探しというロマンを体験してほしい

「子どもの頃に宝探し遊びをした経験は、みなさんお持ちだと思います。世界にはまだまだ金やレアメタルが眠っているといわれていますが、それを探すようなワクワクする気分をウチの店でも体験してほしい、そんな想いを込めてゴールドラッシュ・バームクーヘンを提供しています」

こんなにビールがあるのか。数えきれないほどだ。さて、キミはこのお店に潜む〝絶滅の要因〟はわかったかな？

変わる野生動物と人との関係

世界人口は増加し続け、ついに80億人を超えました。多くの人口を支え、その欲望を叶えるために、自然との共存よりも持続可能ではない消費を続けています。それによってどんな問題が起きているのか知ると、きっと酔いも覚めることでしょう。

POINT 1 コンフリクト・ビール

野生動物と人の軋轢

「コンフリクト」は軋轢・衝突という意味です。野生動物と人との衝突が世界中で起きています。野生動物によって、作物や家畜、財産、ときには人の命が失われることがあり、現地の人にとって死活問題となっています。そういったことが報復のため、あるいは未然に被害を防ぐために、野生動物を殺してしまうことにつながります。

アジアでは、野生のゾウが農場の作物を食べたり踏み荒らすことが大きな問題になっています。インドでは、ゾウが列車と衝突して死ぬ事故が後を絶ちません。また、多くが絶滅危惧動物でもある大型のネコ科の動物やオオカミが家畜を襲う獣害が、世界中で発生しています。ジャガーやユキヒョウは家畜を襲うことで、報復として殺されることがあります。

日本では、近年、ヒグマやツキノワグマの分布域の拡大や都市部での出没が問題になっています。2023年4月から11月までで、日本全国で出没し

東南アジア各地でアジアゾウと人との衝突が発生している
(写真＝LAMBERTO JESUS)

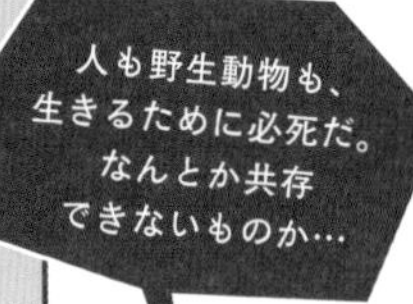

監修＝伊藤昭彦（東京大学）

近年、里山だけでなく都市部でもクマ類の出没が続いている（写真はイメージ）
（写真＝nature keeper）

参考：「クマに関する各種情報・取り組み」（環境省,2023）、経済産業省「第1回 再生可能エネルギーの適正な導入に向けた環境影響評価のあり方に関する検討会」資料（日本野鳥の会,2021）

たクマの数は2万2861件で過去最悪のペースとなり、人身被害も200人を超えています。また、天然記念物のオジロワシをはじめとする鳥類が再生可能エネルギー源として建設が進む風力発電の風車に衝突して命を落とす事故も起きています。わかっているだけで2020年3月までに580羽の被害が確認されています。

これらの野生動物と人との軋轢の原因は様々ですが、森林の開発や人間の経済活動など、人間側の変化に伴うものが多いのも事実です。野生動物との共存は急務ですがとてもむずかしい問題なのです。

POINT 2 開発バーニャカウダ

森林伐採と生物多様性喪失

世界で、7000万人近くの先住民を含む約16億人が、森林資源を直接的に活用しています。世界の森林面積は1990年から2020年の30年間で、日本の国土の5倍近くの178万平方キロ以上も減少しました。

2022年は森林減少が特に加速した年で、熱帯林は4万1000平方キロが失われました。これは九州よりも広い面積です。ブラジルとコンゴ民主共和国の森林減少が激しく、次にボリビア、インドネシアと続きます。ブラジルのアマゾンでは大豆やサト

世界で1年間に九州の1.1倍の面積の熱帯林が伐採されている

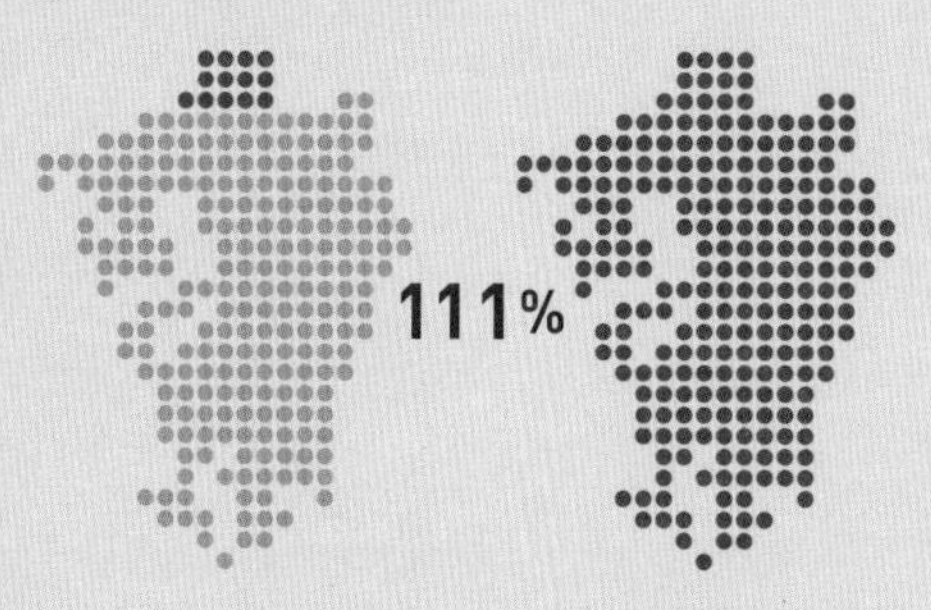

参考：「How much forest was lost in 2022」（世界資源研究所、2023）

アマゾンでは違法伐採や焼き畑によって森林が減少している　（写真＝Paralaxis）

ウキビ農園、牛などの放牧地や金の採掘、あるいはマリファナ栽培やダムの建設のために、森林破壊がなされています。森林火災も増加しています。アマゾンの熱帯雨林にはおよそ300万種の動植物と100万人の先住民が共存しています。

インドネシアとマレーシアでは、アブラヤシのプランテーションのため、森林や泥炭地が破壊されています。インドネシアでは15万平方キロ、マレーシアでは5万2300平方キロものアブラヤシのプランテーションが広がってます（FAO,2020）。世界で最も使用されている植物油であるパーム油の原料となるアブラヤシは、資源としてメリットが多いのですが、世界中の需要をまかなうために、インドネシアやマレーシアの自然・野生動物たちが犠牲になっている一面もあります。特にゾウやオランウータンなどの大型の哺乳類にとって、農園の拡大は生息地の分断につながり、農園に侵入し農作物を荒らしてしまうことで、現地の住民との軋轢が生まれています。

アフリカ諸国では、木炭は主要な調

ボルネオの見渡す限り続くアブラヤシのプランテーション
（写真＝編集部）

理用燃料になっており、森林破壊につながっています。人口増加で食料やエネルギーの需要が上がったため、破壊される森林も比例して増えています。

POINT 3 ゴールドラッシュ・バームクーヘン

鉱物資源と環境破壊

近年、金の価格が上昇し、需要が高まっています。アマゾン川流域では16世紀後半以降、金の採掘が行われてきましたが、この20年ほどで違法採掘が急激に増えています。採掘場建設や道路・滑走路を作るために森林伐採が行われています。さらに先住民のコミュニティに暴力や病気、汚染をもたらしています。金の違法採掘で使用される水銀の排出によって、ブラジル北部のアマゾン地域でとれた食用魚の2割以上から安全基準を超える濃度の水銀が検出されました。障害がある新生児が増えている地域もあり、専門家は日本でも発生した公害病のひとつ水俣病が発生していると懸念しています。アマゾン森林地帯には、ブラジルだけで450以上、南米では約2500の違法採掘場があるとされ、環境破壊や先住民の人権侵害が問題となっています。

アフリカのコンゴでは、鉱物資源が採掘され、紛争の資金源となる問題が起きています。このうち、タンタルというレアメタルは、スマートフォンや航空・宇宙産業の部品にも使われています。電気自動車や蓄電池に使われるコバルトは、危険な労働環境や児童労働などの人権問題を抱えています。

遠い日本に住む我々が使っている電子機器の部品に、様々な血や涙が染み込んでいるかもしれないということは、知らないでは済まされません。

アマゾン熱帯雨林の中に作られた大規模な金採掘現場
(写真=Tarcisio Schnaider)

熱帯雨林の中に作られた違法な金の採掘現場
(写真=Jerome Delaunay)

癒やしも毒もあなたのために

スナック マダニ

カウンターに座れば、誰もがママの魅力に感染する。
お熱はお酒のせいか、ママのせいか？
そこはすべての大人のふるさと。

INFORMATION

予算：チャージ料2000円　カラオケ無料
　　　飲み放題60分5000円
席数：7席（カウンターのみ）
定休日：土曜、日曜
営業時間：17時～24時
リピート度：★★★★★

扉を開けたらそこは里山？
と見紛う店内。ネイチャー
でフレンドリーな雰囲気だ

山間にある地方都市の静かな小路。昭和の風情漂う扉を開けると、そこは狭いながらも熱気に満ち溢れていた。店内はカウンターだけの小ぢんまりとしたつくりだが、そのおかげで客同士、そしてママやチーママとの距離が驚くほど近い！

「あら、いらっしゃい！」と声をかけてくれたのは、ママの山田仁亜（やまだにあ）さん。優しそうな雰囲気を持つ彼女だが、その言葉には時々チクッと刺すような辛辣さがある。しかしそれが逆に何とも心地よく、まるで包み込んでくれるような母性を感じさせる。怒られる機会が減った大人たちが、子どもに戻ってママに甘える……そんな場所として多くの常連客に愛されているようだ。その一方で、チーママのマラリアさんは情熱的な性格。彼女の話を聞いていると、知らないうちに頬が上気し、自分の体が熱くなっていることに気付かされる。

客はみんなママにお熱なようだが、それをもて遊ぶかのようにママは小悪魔っぷりを発揮。「私はバツイチだから、恋愛で夢中になることはもうないわね。懲り懲りよ」そう言いながらこっそりと客のポケットに、店のモチーフであるマダニの形をした名刺を忍ばせることがあるという。これに気付かずに帰宅すると、家庭内でちょっとした修羅場が繰り広げられることも。

飲み物は、焼酎のボトルキープが基本。ママにおすすめを聞くと「せっかくなら地元の芋焼酎がいいわよ。『**えんてんか**』っていう名前なの」と教えてくれた。

「変わった名前だね」

熱いお湯割りがおすすめの焼酎「炎天蚊」（1杯500円、ボトルキープ3000円）。土と獣の香りが立つママお手製のお新香（440円〜）

「漢字で暑いという意味の炎天に、ブンブン飛ぶ蚊と書くのよ。一口飲むと、カッと体が熱くなって汗が止まらなくなるの。ボトルを入れないとあなたのことを刺しちゃうかも♡」

いたずらに微笑むその笑顔に、まだ一滴もお酒を口にしていないのに胸を打つ鼓動が早くなってしまう。こうなったら即座にボトルキープするしかないだろう。

そして酒のつまみは、裏山の畑で育った新鮮な野菜を使った**自家製漬物**。シャキシャキとした食感と、ママの愛情がたっぷりつまった一品だ。ほかにも生野菜を洗わずに調理したメニューもあるらしい。「土の香りも楽しんでもらいたいから、洗わないの。野生の動物が畑に食べに来るくらい美味しいのよ」そんな〝きゅうりの畑の土和え〟は絶対に味わいたい。

そして、楽しい時間の締めくくりには「**すぐ蕎麦**」がおすすめ！　これは、ママの手打ちの温かな蕎麦。一口食べるだけで、ママが寄り添ってくれているような気がして心の奥までほっこりと温まってくる。

「スナック マダニ」で過ごす一夜は、昭和の香りに包まれ、ママやマラリアさん、そしてお客さんたちの熱気で満たされている。心が温まるを通り越して、心が燃えるような楽しみと癒しのひとときを、ぜひ体験してみてほしい！

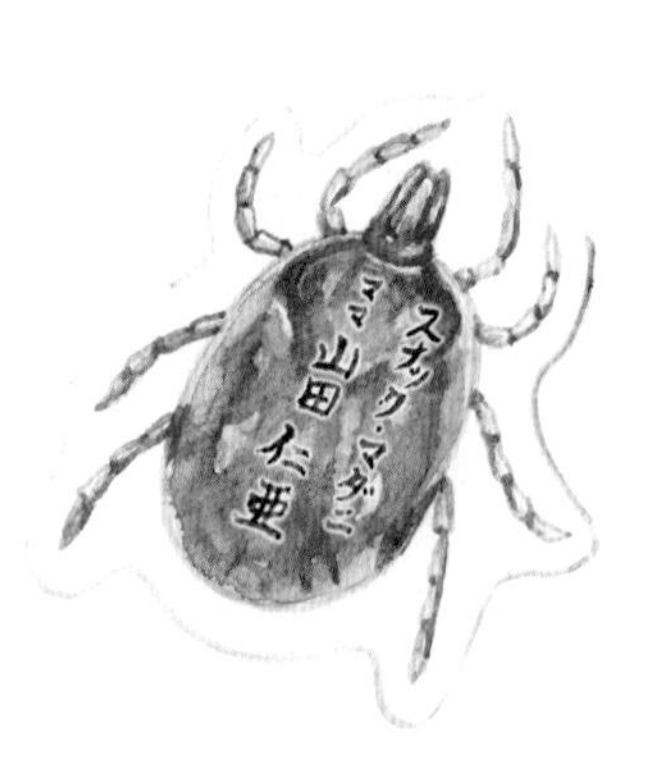

こっそりお客のポケットなどに
潜ませるママの名刺

ママに聞く

自然とも人とも近しくありたい

――お店を始めたきっかけは何ですか？

私の人生のテーマは、「触れ合うほど近くにいてあげる」なの。近頃人と人、人と自然が離れてしまってるでしょう。ほら、アタシの名前が仁亜なのも、父親がそういう想いをこめてつけたからなの。

――英語の「ニア」＝近いという意味ですか！

そうよ。だからこのお店を始めたの。ウチは、肩が触れ合うような親密さが一番のウリなの。あと、おつまみはシンプルなものしかないけれど、お店のすぐそばで採れる地元産の食材を使っているわ。裏に山があるでしょう。そこを切り開いて畑にしてるのよ。自然と人との生活が近いのも都会にはない魅力だと思ってるわ。

――スナックマダニを楽しむコツは？

人も野生動物も同じ生き物ってことを忘れないことね。ここに来たらどちらが偉いとかはないの。人間社会での肩書はお店の外に置いてきてほしいわ。そうすると自然で自分らしくいられるでしょう。スーツも革靴もここでは脱いでもらうわ。ハーフパンツに裸足が一番自然に近いから。店内の床にはわざわざ本物の草を膝丈くらいまで茂らせてるのよ。子どもの頃に戻ったみたいに無邪気に楽しんでもらいたいから。

――野菜だけでなくお肉もこだわっているんですか？

やっぱりお肉って精がつくじゃない。都会に〝乱獲亭〟（p62参照）っていうとんかつ屋さんがあるんだけど、そこで若いころバイトしてたことがあって、今はお世話になった店長の息子さんがお店を切り盛りしてるの。お肉はそこから紹介してもらって調達してるわ。ジビエというより、ブッシュミート（野生動物の肉）くらい本格的なものを出しているのよ。

体中がかゆい…なんか熱っぽくなってきたぞ？ さて、キミはこのお店に潜む〝絶滅の要因〟はわかったかな？

壊れる境界線と人獣共通感染症

グローバル化が進み、人や物が高速かつ大量に世界中を行き来するようになった現代では、これまでは局所的だった感染症も細菌やウイルスが世界中へ運ばれることによって、都市部の人口密集地で感染が拡大するようになりました。過去100年ほどで、新型コロナウイルスをはじめとする〝人獣共通感染症〟が急激に増加しています。これは「ヒトと脊椎動物の間で感染する病気または感染症」のことです。

POINT 1 すぐ蕎麦 人獣共通感染症

動物由来の感染症というと、古くから狂犬病やペストなどが知られていますが、近年はSARS、MERS、エボラ出血熱など、新しい感染症も増えてきました。新型コロナウイルスも元々は野生動物が保有していたウイルス起源と考えられています。これらは開発による大規模な森林破壊などによって、奥地にまで人が侵入したことで、人が野生動物と接触する機会が増えたことが一因です。

日本では、マダニが媒介する感染症である日本紅斑熱や重症熱性血小板減少症候群（SFTS）などの患者数が増加しています。背景にはマダニを運ぶシカやイノシシなどの分布拡大が指摘されています。また、北海道のキタキツネの糞から媒介されるエキノコックス症も問題になっています。餌付け

野生動物が増え、気温が高くなるにつれダニによる感染症の危険性が高まる
(写真=ruiruito)

日本各地で増え続けているシカ。それによって様々な問題が発生している
(写真=Arsgera)

などによって人との距離が近くなることで、感染拡大が懸念されています。イヌにも感染するので注意が必要で、本州での感染も確認されています。

POINT 2 本格芋焼酎 炎天蚊

蚊による感染症の増大

蚊は年間60万人以上もの人の命を奪い、人類を一番死に追いやっている生き物です。蚊は主に熱帯・亜熱帯地域で流行するマラリア、デング熱、ジカウイルス感染症などの感染症を媒介します。その蚊が温暖化によって、生息域が拡大したり発生時期が延びています。さらにグローバル化によって、飛行機や船を経由して蚊が海を渡ります。過去50年間でデング熱の感染拡大は推定30倍に増加し、毎年1～4億人が感染していると推定されます。日本でも感染者が発生しています。平均気温が1℃上がるごとに、デング熱患者が35％増加するとみられています。日本では媒介するヒトスジシマカの分布が温暖化で北上しているとされ（図）、今後の感染拡大のリスクを高めています。

ヒトスジシマカの分布拡大

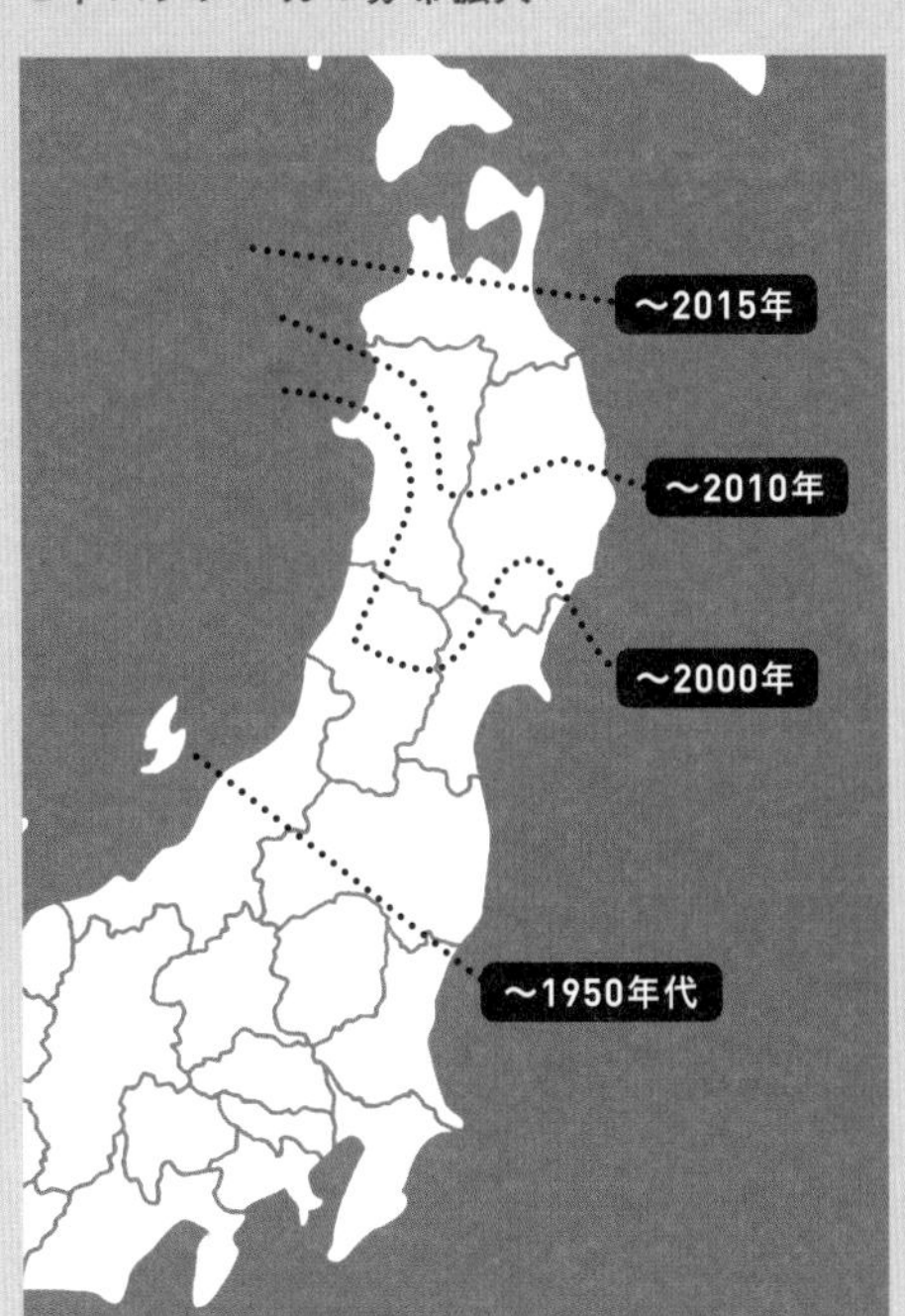

デング熱を媒介するヒトスジシマカの分布が北上している
（国立感染症研究所, 2020を改変）

POINT 3 自家製漬物

土からの感染リスク拡大

土のついた新鮮な野菜と聞くと、とても美味しそうですが、そのまま食べることはおすすめできません。野菜や果実などを育てる畑や農場には、土壌や堆肥、野生動物などに由来する細菌や微生物が存在しているからです。特に近年、日本ではシカやイノシシが増加し、野生動物由来のサルモネラ菌、カンピロバクター菌などに感染するリスクが高まっています。

世界を揚げる4代目

とんかつ 乱獲亭

お客様の健康を第一に考えながら、
命をいただく感謝とチャンスをけっして忘れない。
創業4代目が世界を揚げまくる次世代型とんかつ店。

INFORMATION

予算：昼1000円〜2000円
　　　夜5000円〜1万円
席数：10席（カウンターのみ）
定休日：無休
営業時間：ランチ11時〜15時、ディナー18時〜21時
ガッツリ度：★★★★★

さわやかな笑顔で若主人が迎えてくれる。アットホームでありながらグローバルな食材を扱うお店

東

京都内にある商店街の奥にひっそりと佇む、カウンターのみの高級とんかつ屋、「乱獲亭」。店内に一歩足を踏み入れると、壁にはヨシキリザメ、オサガメ、クロサイ、トラなど**乱獲で絶滅が危惧されている動物を模した熊手**が飾られています。これを眺めていると、まるでその生き物たちの命のエネルギーをもらえるようで、期待が膨らみます。

独特の縞模様が美しい一枚板のカウンターは、違法伐採されたマダガスカルローズウッド。その奥に立つのは、4代目店主の勇さんです。

「うちは先祖代々、お客さんに精の出るメニューを出してきたんですよ。私の代では、食材を世界中から集めるようにしました。コンセプトは、『地球上の生き物を、食らい尽くす』ってところですね」

そんな勇さんのおすすめの一品は、「**伝統薬膳ハンティング定食**」。メインであるライフルAK－47の弾倉カツやくくり罠の揚げ物に、センザンコウのお吸い物がセットになっています。カツはアフリカで伝統薬として用いられているトラの骨粉をつけて食べるのが、乱獲亭スタイル。

「やっぱり、動物の命よりも、お客さんの健康の方が大切ですから。伝統薬として長い歴史のあるトラやセンザンコウを提供しているんです。あ！　AK－47の銃弾を勢いよく噛んで暴発させたり、くくり罠の揚げ物で舌を挟まないように注意して食べくださいね。とんかつに繊細さをもたせました」それでは、さっそく一口いただいてみると……。火薬とトラの骨粉が混ざり、なんと刺激的な味なんでしょう！

定番の伝統薬膳ハンティング定食(2500円)。刺激炸
裂の弾倉カツに箸休めの赤珊瑚サラダが食欲をそそる

さらにもうひとつの人気メニュー、漁網にオサガメやヨシキリザメを絡めた「**根こそぎ蕎麦**」も注文してみました。こちらもたくさんの生き物の持つそれぞれ独特の風味が、絶妙にマッチング。漁網のザラザラとした喉越しと潮の香りが、さらにその味を引き立て、大変美味しくいただくことができました。

最後に、勇さんに「こんなに希少な動物たちを食材としてふんだんに使っていると、いつかは絶滅してしまうのでは」と聞いてみました。

「今まで大丈夫だったんですから、これからも大丈夫に決まっているでしょう！　自然にはまだまだたくさんの食材たちがいるから心配することなんてありません！」と一喝されてしまいました。

確かにネガティブなことばかり考えながら、食べる料理は味気ないものです。

「明日は明日の風が吹く」

勇さんからは美味しい料理と一緒にポジティブな気持ちもいただくことができました。

具だくさんで、潮の香りがたまらない根こそぎ蕎麦（1200円）

4代目店主に聞く

乱獲亭、その店名に込めた思いとは?

1

〝食べきれない〟という豊かさを提供したい!

「うちの店は、お客さんに感謝の意味を込めて完食できないほどの量を提供するのがこだわりなんです。そのためには、動物や魚を獲りまくる必要があるんです。資源の涸渇なんてことを言う人もいますが、目の前に食材があるのに私が獲らないと、他の誰かに獲られちゃいますからね」

2

獲り尽くすことは人間の特権

「もし、目当ての動物や魚がいなくなってしまったら『あのときに食べておけばよかった』って後悔しちゃうでしょう。私はお客さんにそんな思いをさせたくないんですよ。短い人生なんですから、好きなものを腹いっぱい食べる幸せを噛み締めたい。獲れるうちにどんどん獲って、じゃんじゃん食べる。それが人間に許された食の楽しみ方じゃないかと思うんです」

3

世界各地の伝統薬でお客さんの健康を守る

「うちは、親父が病で早くに死んだので、健康で長生きできる料理ってやつを目指してるんです。だから世界各地に古くから伝わる伝統薬を仕入れて、料理のアクセントに使っています。トラの骨粉、象牙、サイの角などは、手に入れるのもひと苦労です。でも、親父の代わりにこの店を通してお客さんに育ててもらったみたいなもんなんで、どんな苦労をしてでも仕入れてみせます」

野生動物を食べて、健康だって!?
さて、キミはこのお店に潜む〝絶滅の要因〟はわかったかな?

乱獲亭の絶滅ポイント

野生動物の利用と保護・管理の現実

消費者も知らないでは済まされない！

人類は太古より狩りや漁をして、野生生物を様々なかたちで活用してきました。時代が変わり、文明が進んだ現代でも野生生物は重要なタンパク源であり、哺乳類の毛皮や角、骨は資源であり続けています。しかし野生生物を取り巻く状況は、開発による自然破壊や人口増加などで大きく変わっています。

POINT 1 熊手や置物

野生動物の乱獲

野生動物の乱獲・密猟・密輸は世界中で問題になっています。毛皮やアクセサリーなどの装飾品のため、ペット（p84参照）や伝統薬の原料として、またブッシュミートという野生動物の肉は、アフリカでは現地の食を支える貴重なタンパク源となっています。人口増加や貧困、あるいは家畜の依存がないためなど様々な理由からブッシュミートが消費されています。コンゴ盆地では年600万トンが消費されていると言われます。ブッシュミートの中には絶滅が危惧されるゴリラやゾウといった生き物もいます。また、人獣共通感染症の危険もあります（p60参照）。

POINT 2 伝統薬膳ハンティング定食

伝統的生薬のための乱獲

トラの骨や生殖器は滋養強壮剤や精力剤として、ほかにもクマの胆嚢や胆汁、センザンコウの鱗、サイの角などが伝統薬の原料として取引されています。科学的根拠がないにも関わらず、富を誇示するために野生動物を違法に使用した薬は、一部の富裕層から需要があります。

象牙に変わりアフリカやアジアで乱獲が続いているセンザンコウ
（写真＝2630ben）

日本においても2015年から2019年にかけて、税関でワシントン条約違反として差し止められた物品のうち、薬は28%を占めており、多くが中国から輸入されていました。センザンコウは最も密猟される動物として知られ、2019年にはアフリカから他国へ密輸された鱗は97トン（15万頭に相当）にも及びます。そして、内戦や戦争で使用される武器が密猟に利用されている問題も起きています。

参考：「世界で一番密猟される哺乳類、センザンコウ」（WWF、2020）

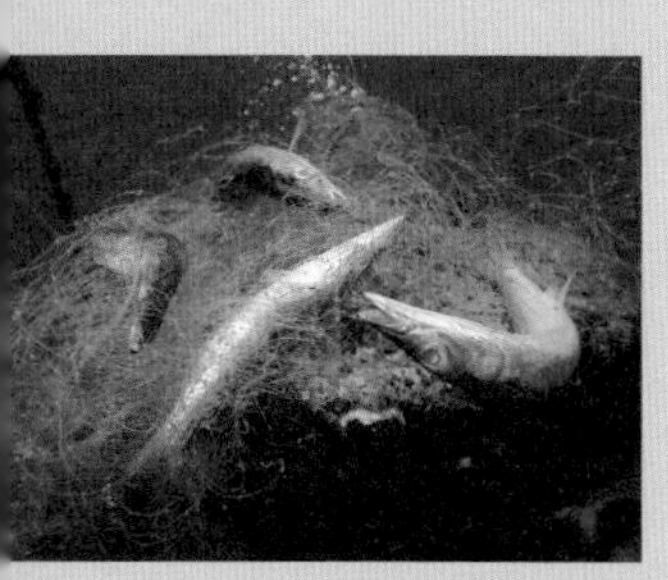

ゴーストフィッシングも大きな問題になっている
(写真＝Josephine Jullian)

POINT 3

根こそぎ蕎麦

漁業における乱獲

食用魚介類の消費量は世界中で増加傾向で、1人1年あたりの消費量は過去50年で約2倍になり、中国やインドネシアなどを中心に漁獲量が増え続けています。それに伴い、持続可能ではない漁獲利用、つまり乱獲状態にある資源の割合は35・4%（2019年）に増加しています。そういった中、北欧や北米、オセアニアは天然魚の漁獲を制限しつつ、養殖にも力を入れることで生産量を増やしていますが、逆に日本は漁獲量が減っています。気候変動や外国漁船の乱獲という問題もありますが、資源の復活には科学的根拠に基づく資源管理が必要です。

世界の漁業の3割以上が乱獲

乱獲 35.4%

持続可能な漁業 64.6%

「世界漁業・養殖白書」(FAO,2022)

もう一つの乱獲

多くの漁で目的以外の生物が獲れてしまう「混獲」は避けられません。世界中で捕獲される魚のうち40%が混獲されたものだと考えられています。また、魚以外にも、毎年約30万羽の海鳥、約25万頭のウミガメ、約30万頭のイルカやクジラが混獲されていると推定されています。混獲に加えて問題なのが放置された網や糸などの漁具に生物が絡まってしまうゴーストフィッシングです。しかも、違法・無報告・無規制漁業を隠すために意図的な漁具の廃棄も行われています。

参考：「世界漁業・養殖白書」（FAO、2022）、「IUU漁業について」（WWF、2021）

密やかな時間を愉しむグレーなバー

隠れ家バー共犯者

アンダーグラウンドのディープな世界。
ドアを開けたらあなたも共犯者。
多くを語らない。それがこのバーの流儀。

INFORMATION

予算：チャージ1000円
　　　カクテル1800円
席数：8席（カウンターのみ）
定休日：毎週土曜、日曜日
営業時間：18時～24時
グレー度：★★★★★

重い扉の向こうにはディープでクレーな大人の溜り場があった

都会のど真ん中にありながら、その存在を知るのは限られた人たちだけ。夜のヴェールが街を包む頃、秘密の隠れ家バー〝共犯者〟の看板に火が灯る。古びた石畳の階段を下り、歴史を感じる重厚な木製のドアを押し開けた。年を重ねたレンガの壁には大きな棚が備え付けてあり、ウナギが詰まった無数のウィスキーボトルのシルエットが整然と浮かび上がる。そう、ここは本格的なウナギを嗜めるバーであり、普段知られることはないウナギを取り巻く深淵を覗くことができるディープな場所なのだ。

「いらっしゃい」

バーカウンターに立つマスターとおぼしき男は、手入れをしていない無精髭を生やした厳つい雰囲気をまとっている。そして、じっと睨みつける目は、数々の修羅場をくぐり抜けてきた男だけが持つ鈍い輝きを放っていた。

「メニューはひとつしかございませんが、よろしいですか?」

「ではそれを」

カウンターの上には、柔らかな光を放つビンテージの卓上ランプ。その幻想的なきらめきは、夜に行われるシラスウナギ漁の照明を思わせる神秘的な雰囲気を醸し出す。そして、禁酒法時代のスピークイージーを思わせる店内の装飾は、ここがただのバーではないと感じさせる。約100年前のアメリカでは、アルコールの製造・販売・輸送が禁止されていた。しかし、人々はアルコールを

カクテル「ブラック・ロンダリング」(1800円)。リーガル&イリーガルな一杯

求め、密やかに楽しむ場所が生まれた。それがスピークイージーと呼ばれたバーだ。
1920年代の背徳感に包まれながら、目の前で作られる今夜の友の完成を待つ。

「こちらが、シグネチャーカクテルの**『ブラック・ロンダリング』**です」

白く輝くのに〝ブラック〟と名付けられたこのカクテルは、合法的に獲られたシラスウナギと違法な取引で入手されたシラスウナギを3：7の比率でシェイカーに入れ、ウナギ特有の〝ぬめり〟を加えた一杯だ。一度シェイクされたカクテルでは、どのウナギが合法でどれが違法なのかを判別することは誰にもできない。キラキラとランプの光を反射する美しいカクテルを口に運ぶと、甘美な罪悪感が口いっぱいに広がる。そして、ぬめりとともに罪悪感も一緒に体内に流し込む。

「よろしければ、もう1杯いかがですか？」

「そうしよう。マスター、あなたも1杯どうです？」

「ええ。ここは〝共犯者〟ですから」

そう言って、マスターはニヤリと微笑んだ。

ここ〝共犯者〟は、ただのバーではない。それは、過去と現在、合法と違法、光と影が交差する、甘く都合のいい無関心でいることを楽しめる大人たちの隠れ家だ。あなたも一歩足を踏み入れて、日常では知る由もないウナギの闇を味わってみてはいかがだろうか。

常連客に聞く

隠れ家バー共犯者のマスターの魅力

1

マスターの人生相談

「マスターは人生の酸いも甘いも知り尽くした大人。悩みがあるなら相談したらいいと思いますよ。私が悩みを相談すると決まって『**それなら環境を変えてみたら?**』とアドバイスしてくれます。でも、マスターのアドバイスって、そのとおりにしてうまくいったことはないんですよ」

環境変えたら?

2

いつでもウナギを提供するという責任感

「ウナギが手に入らない時もあるみたいですが、あの〝乱獲亭〟の若大将はここの常連で、彼のツテを使えば、仕入れられるようなんです。マスター曰く『**需要より多くの供給を**。こんなわかりにくい場所まで来てくれたお客さんを、がっかりさせたくないですから』なんですって」

3

面倒見が良く、細かいことは気にしないスタイル

「数人のスタッフがいますが、みな入りたてみたいなんです。マスターは兄貴分だから、アウトローでも関係なく雇っちゃうんですよ。でも教えるのが下手なんです。それなのにすぐに『もうお前なら大丈夫だ!』って卒業させちゃうんですよ。だからアチコチの店から〝**無責任に放流**しまくるのは止めてくれ!〟って、クレームが殺到したみたい。放流したなら責任を持ってしっかりと、その後も面倒見てあげてほしいですけど、細かいことを気にしないんですよ」

あのマスター、なんか頼りないなあ。さて、キミはこのお店に潜む〝絶滅の要因〟はわかったかな?

絶滅危惧種ニホンウナギの不都合な真実

日本人に愛されているウナギ。しかし、ニホンウナギはいまや絶滅危惧種で、その現状には様々な問題があります。ウナギをこれからも楽しみたいのなら目を背けずに問題を知り、考えてみましょう。

POINT 1 ブラック・ロンダリング
密漁＋密輸のウナギ

ウナギの数を把握するのは難しいのですが、天然ウナギの漁獲量を見ると、2010年代は1970年代の5%程度、1990年代から見ても13%程度まで減っています。統計データの取り方の違いや採捕努力の差も不明ですが、基本的にはニホンウナギの数は大きく減っていると考えられています。

2014年には、ニホンウナギはIUCN（国際自然保護連合）のレッドリストで絶滅危惧種に指定されました。

そうした中でも、2020年には5万1000トンのウナギが日本国内で消費されています（輸入した外国産ウナギも含む）。そんな需要に応えるように問題となっているのがシラスウナギの密漁です。これはシラスウナギの輸出が制限されている台湾から一旦香港に密輸出され、香港産として合法的に日本に輸出するという取引も行われているのです。日本の養殖場で養殖されているウナギは、年による違いがあるものの半分程度は、不適切な採捕や流通を経たウナギと推定されています。

うなぎは日本の文化とは言えるが…
(写真＝kuppa_rock)

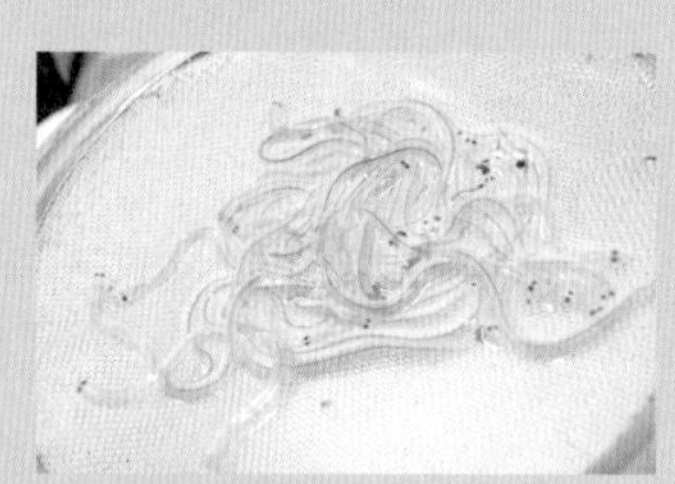
違法な採捕も多いというシラスウナギ
(写真＝photolibrary)

キミも知らずに違法なウナギを食べているかも!?

POINT 2

「環境変えてみたら？」ウナギが生きる環境とは？

ニホンウナギの個体数減少の原因のひとつに、生息環境の悪化があります。ニホンウナギはフィリピン海で産卵し、東アジアの河川に遡上して、成長した後にまた産卵地へと戻るという旅をします。その成育場である沿岸域や河川の環境が著しく劣化しているのです。

減っている天然ウナギの漁獲量

（参考：水産庁、2023）

干潟がなくなったり、川岸がコンクリートで護岸されると、餌が減ったり隠れ家がなくなってしまいます。また、ダムや堰などの河川を横断する建造物があると、ウナギが遡上できなくなってしまうのです。もちろん護岸工事やダム・堰は水害を防ぐために必要な工事ですが、落差を小さくしたり、魚道を設置するなどの工夫も必要です。

参考：「ニホンウナギの生息地保全の考え方」（環境省、2017）

POINT 3

需要より供給を絶滅危惧生物の食品ロス

2017年、日本のウナギ消費に関して、年間に約2730キロ、約1万3650匹相当の蒲焼が食品ロスとして廃棄されたという結果が、国際環境NGOグリーンピース・ジャパンから発表され話題になりました。小売に対して行ったアンケートで、あくまで回答した5社のデータですが、企業の食品ロスに対する姿勢が問われました。全国のウナギの市場規模は1588億円と推測されており、特に夏の土用の丑の日に消費が高まるので、それに伴い小売店の店内POPやECサイトの広告などで消費行動をさらに刺激します。ウナギを食べることは日本の大切な文化ではありますが、過剰消費することは見直さないといけません。

POINT 4

無責任に放流効果のない増殖事業？

ニホンウナギを増やすために各地でウナギが放流されていますが、増殖のためというよりは漁業権の維持を目的にしている場合も多く、繁殖を通じて資源を増やす効果はまったく不明です。また、実験の結果、養殖個体は野生個体との競争に負けてしまうことわかっています。また放流には、寄生虫や病気などの拡散の懸念もあります。

参考：「ウナギの放流」（中央大学法学部海部研究室）

カワイイだらけの最先端鮨処

KAWAII SUSHI

いま、世界中のインフルエンサーが集まる話題の鮨屋。
あなたのために世界の「カワイイ」ネタを厳選。
店内は映えが溢れたポップでキュートな空間です。
きっとあなたのカワイイ欲を満足させてくれるでしょう。

INFORMATION

予算：昼1000円～2000円
夜5000円～1万円
席数：20席
定休日：毎週月曜日
営業時間：ランチ11時～15時、
ディナー18時～23時(ラストオーダー22時)
SNS映え度：★★★★★

カワイイ動物たちに囲まれて、スマホが手放せない新感覚の鮨処だ

暖簾をくぐると「らっしゃいせーい！」と大きな声に迎えられる。昔懐かしい粋で威勢がいい大将が迎えてくれる、ここはＳＮＳ界隈でも屈指の人気を誇る鮨処 KAWAII SUSHI。その人気のヒミツは、大将の自らが目利きをして世界中から仕入れてくる厳選したカワイイネタと、映え間違いなしのお店の雰囲気にある。

「ウチのこだわりは味よりも見た目！　カワイイが一番大事なんだ。写真撮ったり触りたくなっちまうネタばっかりだよ」

確かに目の前にあるネタケースには、世界的にも人気なインドホシガメやアカコンゴウインコなどの野生動物も並んでいる。そして、この店で客の９割が頼むというのが、コツメカワウソ、スナネコ、シロフクロウの三種類のネタを味わえる「**カワイイ三種握り**」だ。どの動物も日本人に大人気のまさにキング・オブ・カワイイなメニューだ。

職人気質でカワイイにこだわりがあるからこそ、客に注意することもある。

「いきなり食べようとするお客さんにはひとこと言わせてもらうよ！　食う前に映える写真を撮って**ＳＮＳにあげてもらう**のがウチのルールだって。ＳＮＳでたくさんシェアされればされるほど、カワイイ生き物の流通も増えるしな！」

お客さんのほとんどは、そんなルールをちゃんと理解しているカワイイもの好きたち。鮨がパサパサに乾いてしまっても写真を取り続けているところを見ると、さすがわかっていらっしゃる人た

大人気のカワイイ三種握り（2400円）。見た目だけでなく、それぞれの毛並みの違いを楽しめる逸品

ちばかりだ。

店内を見渡すと、食器からインテリアまで目も眩むばかりのカワイイで溢れている。その中でも、大将が日本のみならず世界中の旅先で撮ったというカワイイ野生動物の写真は、プロ顔負けの出来映えだ。一体、どうやって撮ったのだろうか。

「**餌付け**すりゃあ簡単よ。動物は腹いっぱいになって、オレはカワイイ写真が撮れて一石二鳥ってわけよ」

〝KAWAII〟は、21世紀に入って世界に最も広がった日本語のひとつといわれている。そんな日本独自の美意識と、和食を代表する鮨とのコラボは、これから増々注目を集めていくに違いない。

そして、もうひとつ。KAWAII SUSHIでは、**手放したいと思ったペット**を持ち込むと、カワイイ鮨に変身させてくれるサービスもある。飼いきれなくなったペットの引き取り手に困ったときは、大将に相談してみよう。

「カワイイマジックで、ラブリーな鮨に変身させてやるから、まかしておきな!」

食材の持ち込みもOK。飼いきれなくなったペットをカワイイ鮨に変身させてくれる

大将に聞く

KAWAII SUSHIのこだわりとは？

1 カワイイは正義

「カワイイ生き物は、見てるだけで幸せな気分にさせてくれるよな。オレはTVの動物バラエティ番組やSNSに上がっている珍しいペットの動画をよく観るんだよ。そのおかげで、どんな野生動物でも身近に感じてカワイイって思っちゃうんだよな。だから、究極のカワイイにふれあえる店を目指したんだ。もっと多くの人に知ってもらいたいから、食べる前にSNSへのアップをよろしく頼むよ！」

2 すべてのカワイイを肯定する場所でありたい

「カワイイって感覚的なものだから、飽きちゃうこともあるよ。そりゃ仕方ない。だからお客さんの飽きちまったカワイイをちゃんと引き取ってラブリーな鮨に変えちゃうサービスもやってるんだ。そうすりゃ罪悪感なく次のカワイイを見つけられるだろ？」

3 サブの食材にもこだわりが

「カワイイネタを引き立たせるために、ガリや大葉にもこだわっててね。別れたかみさんが地方でスナックやってんのよ。スナックマダニ（p54参照）っていったけな。その店の近くの畑で取れた新鮮な食材を送ってもらってんだ」

ここのお客さん。かわいいと思ってる自分がかわいいのか？さて、キミはこのお店に潜む〝絶滅の要因〟はわかったかな？

野生動物の「カワイイ」という消費

動物を見て「カワイイ」と思う感情に罪はありません。しかし、その先にあるものは危険性をはらんでいます。

POINT 1 カワイイ三種握り
野生動物のペット化問題

SNSやテレビで人気のカワイイ野生動物たち。ペットにしたいと検討する人やアニマルカフェでの展示が増えるにつれて、それらの動物の密猟や違法な取引が増加しています。

人気のコツメカワウソをはじめ絶滅の恐れのある野生動物は、国際的な取引がワシントン条約という国際条約で規制されています。飼育環境の用意が難しい、診られる獣医が少ない、感染症などの点から、そもそも野生動物はペットに向きません。カワイイを消費することが世界の野生動物の絶滅を加速させることにつながってしまいます。

POINT 2 カワイイのシェア
野生動物の消費を加速

SNSが発達し、「カワイイ」「カッコイイ」「珍しい」野生動物やそれをペット化した写真や動画がバズることが増えてきました。その投稿に「いいね」やシェアをすることが野生動物たちの取引が増える可能性や、間違った認識で安易に野生動物の飼育してしまうことにつながります。SNS上での安易なシェアが、そういった犠牲となる動

大人気のカワウソだが、そもそもペットには向かない
（写真＝Rawlinson_Photography）

その「カワイイ」動物はどこから来たの？

物を増やすかもしれず注意が必要です。

POINT 3 近すぎる距離感

野生動物の餌付け問題

餌付けは簡単に野生動物との触れ合いができるし、お腹が空いているだろうから一石二鳥だ！と思いがちですが大きな危険が潜んでいます。人の飲食物は自然界にはない高カロリーなもので脂質が多く、消化不良になったり体調を崩し、病気や死に至る場合もあります。人に餌を貰えることを覚えた野生動物は、自分で餌を探すことをやめたり、人を恐れなくなったりと行動が変化します。そうなると事故や感染症のリスクも増えます。

また、生ゴミの投棄や未収穫の農作物の放置など、意図しない餌付けも増加しています。

ヒマワリのタネで餌付けされた北海道のエゾリス
(写真=kinpouge05)

POINT 4 ペットの持ち込み調理

ペットの遺棄問題

なんらかの理由でペットを飼えなくなったときに、「自然に帰す」という選択をする人がいます。それだけは絶対にしてはいけません。様々な問題が起きるからですが（p95参照）、飼い主としてできる方法は3つ。①最期まで飼育する。②次の飼育者を探し、譲渡する。③殺処分する。命を育てる責任はとても重たいものです。飼育している人はもちろん、これからペットを迎えたいと思う人は忘れないようにしてください。

ペットとしておなじみだが、今は販売や放流が禁止されたアカミミガメ
(写真=undefined undefined)

ヨソモノ横丁

大人のための次世代型フードコート

一歩足を踏み入れれば、
そこは異国情緒あふれた魅惑のワンダーランド。
いまや日本を席巻する圧倒的なエネルギーを発する
破壊的で刺激あふれる大人のテーマパーク。

INFORMATION

予算：飲み物200円〜
　　　つまみ300円〜
店舗数：13店舗
定休日：年中無休
営業時間：9時〜24時
増殖度：★★★★★

東南アジアのどこかの国に紛れ込んだような感覚になるフードコート

全国津々浦々、破竹の勢いで増殖する話題の飲食スポットに足を踏み入れた。その名も「ヨソモノ横丁」。ひとつの建物内に10軒以上の居酒屋や飲食店、バーなどが所狭しと軒を連ねる飲み屋街だ。

まさにそこは多様な食と文化の宝庫！　アジアの雑踏を思わせるギラギラしたネオンとカラフルな提灯が、私たちをワクワクするワンダーランドへと誘ってくれる。そんなエネルギッシュでカオスな店のなかでもとくに目を引くのが、「暴食屋」「ハイブリッドハニー」「ストロングバイト」という3軒の居酒屋とバーだ。

「暴食屋」は、大食漢の夢をかなえてくれる、食べ放題のお店。メダカやフナなどの淡水魚や水生昆虫などの在来種食べ放題の「**ブラックバスコース**」や〝追い水草〟し放題の「**アメリカザリガニコース**」が人気のメニュー。そのほか、産地直送の新鮮な農作物を食べ尽くす「**アライグマコース**」もおすすめだ。

普段出会わないような異性を求める男女に足を運んでほしいのが、キュートなオオサンショウウオの提灯が目印の「ハイブリッドハニー」。ここのスタッフは、出会いのマッチメイクサポートが超お得意。お似合いの相手と相席できるように席を指定してくれるほか、最初の乾杯はスタッフが音頭を取って、その場の雰囲気を和ませてくれる。これなら初対面の人と話すのが苦手でも大丈夫だ。そして、仲良くなったら「**交雑キッス**」という名前のカクテルを片手に、似た者同士の新しい恋の

食べ放題「暴食屋」の看板メニューアライグマコース(4500円)、
ブラックバスコース(3500円)。暴食の名に恥じないボリュームだ

BARストロングバイトの名物の「ヒアリロン酸サワー」(600円)。針で刺されるような刺激的なのどごしがたまらない

ハイブリッドハニーでは誰にも気づかれない秘密の愛を見つけよう。カクテル交雑キッス(800円)

始まりを感じてみるのは、いかがだろうか？

ＢＡＲ「ストロングバイト」は、アルコール度数の高いお酒だけを楽しむことができる大人のスポット。名物の「**ヒアリロン酸サワー**」は、一度飲んだら口の中の粘膜だけじゃなく肌すらもただれてしまうほど刺激的。そして、ここのスタッフはお酒をすすめるのが上手なので、知らぬ間に思った以上に酔ってしまう人も続出している。ヒアリロン酸サワーは、調子に乗って飲みすぎると蕁麻疹や呼吸困難などを引き起こす可能性もあるので、くれぐれも注意したい。

どのお店にも共通して驚くのは、リーズナブルな価格と圧倒的なボリュームだ。「ヨソモノ横丁」が進出した近隣の飲食店はとても太刀打ちできないことから、閉店を余儀なくされるところも多いとか。すでに全国で**フランチャイズ展開**も始まっており、十数年後には日本の街にはヨソモノ横丁しか残っていないかもしれない。

たらふく飲んで、食べて、出会いをエンジョイする。そんな夢のような時間を「ヨソモノ横丁」で過ごしてみてはいかがだろうか。猛烈なスピードで全国に広がり、その勢いは留まるところを知らない「ヨソモノ横丁」。次にこの楽園が生まれるのは、あなたの住んでいる街かもしれない。その動静に期待と興奮が高まるばかりである。

ノネコの提灯

創業者に聞く

ヨソモノ横丁のこだわりとは？

今、全国で話題沸騰の「ヨソモノ横丁」。その独特なコンセプトとユニークな店づくりで注目を浴びていますが、どんな思いでこのお店を作ったのか。創業者である赤耳タトルさんにお話を伺いました。

――なぜヨソモノ横丁を作ったんですか？

昔から続く日本の飲食業界の古い体質を壊したいと強く感じていました。世界はもうグローバル化しています。歴史や伝統を守ることも大切なのはわかりますが、変化を恐れない挑戦が新しい時代を作るのだと思います。

――お店のコンセプトについて教えてください。

「スクラップ&ビルド」ですね。まず壊す。そして自分たちのやりやすい環境を作っていく。最初は街やお客様に受け入れられなくても、自分たちのやり方を通し続け、勢力を拡大すればまわりは、認めざるを得ないですから。新しいものを受け入れることも多様性だと思いますね。

――座右の銘は何ですか？

「自分らしく」です。どんな環境でもどんな場所でも、自分らしくブレないことが重要だと思っています。そして自分の生きる場所を切り開いていき、最後に必ず勝ちます！

――なぜヨソモノ横丁がこんなに広まったと思いますか？

独自のビジネススタイルを確立したからだと思います。それはうちのファンになったお客様が、気に入ったスタッフを引き抜いて別の地域にフランチャイズ出店をしてもいいというものです。ファンが増えると勝手にお店も増えていくんです。

――今後のプロジェクトについて教えてください。

日本の飲食業界の変革は進行中。ですが、次のステップとして、世界制覇を目指しています。世界の飲食店の勢力図を変えてみせますよ。僕と仲間たちでね。お楽しみに。

創業者の赤耳タトルさん

アテクシはアライグマじゃないってば！さて、キミはこのお店に潜む〝絶滅の要因〟はわかったかな？

生態系を破壊する侵略的外来種

外来種もしくは外来生物と呼ばれる生き物たちがいます。その生き物が元々持っている移動能力を超えて、本来の分布から違う場所に人の手によって移動させられた生き物を指します。

私たちは本当に多くの外来生物に囲まれていますが、なかには生態系や人の健康・経済にまで大きな「害」を与えるものもいます。そういった生き物を「侵略的外来種」と呼び、環境省ではこれらの侵略的外来生物を「特定外来生物」に指定して、輸入、販売・移送、飼育および野外への放逐を禁止しています。

POINT 1 暴食屋のメニュー

侵略的外来種による被害

侵略的外来種が生態系に大きな影響を与える一因として、在来の生き物そのもの、または在来の生き物の餌を食べてしまい、生態系を変えてしまうということが挙げられます。

ブラックバスはオオクチバスとコクチバスに分けられ、元々は食用として北米から日本に持ち込まれました。その後、1970年代から釣りの対象魚として急速に全国に広がりました。肉食性で在来のメダカやフナ、水生昆虫や甲殻類が食べられて数を減らしました。宮城県鹿島台のため池では、絶滅

保全派と愛好家との軋轢が続くブラックバス問題（写真＝SAND555）

危惧種のシナイモツゴが確認できなくなったり、琵琶湖では固有種のホンモロコ、コイ、フナ、スジエビなどの漁獲量が激減しました。駆除が望ましいのですが、バスフィッシングが産業になっているため、バス釣り人と駆除する立場の人との軋轢が続いています。北米原産で食用目的で導入されたブルーギルやウシガエルといった生き物も同じように大食いで被害を生む侵略的外来種です。

アメリカザリガニは販売と放出が禁止されている
（写真＝y-studio）

　アメリカザリガニはウシガエルの餌として、日本に持ち込まれました。ブラックバスと同じように様々な在来種を捕食する問題と、水草を食べたりハサミで切断したりすることによって在来の水草を滅ぼし、巣穴を掘ることによって圃場を傷つけることが大きな問題となっています。

　北米原産でペット用に輸入されたアカミミガメも生態系・経済に大きな影響を与えており、すでに野外に約930万匹生息していると推定されています。アカミミガメとアメリカザリガニは外来生物法の2023年の改正に伴い、「条件付特定外来生物」に指定されています。販売・放出などが禁止されていますが、捕獲・飼育・無償譲渡は問題ありません。飼育している人は、最後まで責任をもって飼いましょう。

　アライグマは、北米からペットや動物園での展示のために日本に持ち込まれました。しかし気性が荒く、力も強いため、ペットとして飼われていたものが捨てられたり、逃げ出して野生化しました。その結果、農作物の被害が大きく出ています。トウモロコシ、スイカ、イチゴ、ブドウなど、野菜や果樹の被害が多く、2022年度の農作物被害総額は全国で約4億5600万円に上りました。他にも民家や物置に侵入し、糞尿によって家屋を腐らせた

日本各地で農業被害などが問題になっているアライグマ
（写真＝環境省外来種写真集）

り悪臭の被害が報告され、感染症のリスクもあります。住処や繁殖に適した空き家の増加が、生息域の拡大や頭数の増加に繋がっている可能性が高いといえます。

POINT 2 カクテル「交雑キッス」
遺伝子汚染と国内外来種

外来種問題には、遺伝的固有性の喪失も含まれます。種間交雑という、外来種と在来種の近縁種同士が交尾をし、雑種が生まれる現象のことです。1970年代に食用として大陸から持ち込まれたチュウゴクオオサンショウウオが、天然記念物である在来のオオサンショウウオと交雑し、純粋なオオサンショウウオが絶滅寸前になっています。難しいことに、交雑個体と在来種の違いは見た目ではわかりにくく、正確な区別のためにはDNAの解析が必要です。こういった交雑による遺伝的固有性の喪失を遺伝的侵食といい、長い年月をかけて環境に適応してきた在来種たちの遺伝子の多様性が失われてしまいます。京都府鴨川の2022年の調査では、すでに9割以上が交雑個体であると報告されました。

オオサンショウウオとチュウゴクサンショウウオの交雑個体

外来種といっても外国からの移入だけではありません。日本国内の別の地域から持ち込まれた生物も国内外来種と呼ばれる外来種となります。例えばホタルの放流は、国内外来種問題として論争となっています。ゲンジボタルは東日本型と西日本型に分かれており、地域によって光の明滅パターンとDNA塩基配列の両方に違いがあるため、無闇な放流は固有性を失わせる可能性があり、注意しなければいけません。

世界中で被害が広がっているヒアリ
(写真＝環境省外来種写真集)

POINT 3 ヒアリロン酸サワー
人の命にも関わる外来種

ヒアリは南米中部に生息するアリで

すが、小さいので船や飛行機に積まれた貨物に紛れ込んで、世界各地に広がっています。アメリカでは対策費に年間7800億円かけていますが、農業被害及びインフラ被害だけでも被害額は6000～7000億円に上ります。ヒアリに刺されると、焼けるような痛みを感じ、膿ができます。ヒアリ類の毒にアレルギー体質を持っている人は、蕁麻疹が出たり、呼吸困難や血圧低下、意識障害などの強いアレルギー反応によるアナフィラキシーショックの可能性もあり、処置が遅れると命に関わります。このように危険な外来生物が定着してしまうと、野外のレジャーだけでなく、自宅のガーデニングなども含めて日常生活への影響が出ます。今のところ、環境省は日本ではヒアリは定着していない（2023年7月時点）としていますが、繁殖力が強く、適応力も高いため、定着しそうなギリギリの段階と有識者からは警鐘が鳴らされています。

POINT 4 フランチャイズの仕組み 放流という名の生態系破壊

外来種問題の中でも特に問題視されているのが、意図的な放流「密放流」です。これは生き物をこっそり放流することを指します。必要な手続きをせず放流することを指します。例えばブラックバスを自分の利益のために密放流し、生息域を拡散させてしまう人がいます。特定外来生物として駆除活動が日本中で行われていますが、このような密放流がなくならない限り、ブラックバスは日本の自然に害を与える厄介者であり続けます。他にも、飼育していたペットを、飼いきれなくなった・狭いゲージだとかわいそうだからといって、野外に放ってしまうことも、外来種を意図的に増やす行為になってしまいます。すでに日本の自然にいる外国起源の生物の数は約2000種にも及びます。外来種被害予防三原則では、悪影響を及ぼす恐れのある外来種を「入れない」「捨てない（逃がさない・放さない）」「拡げない（増やさない）」を徹底することが掲げられています。

近年、各地で増えているコクチバス。密放流が問題になっている
(写真＝環境省外来種写真集)

RESTAURANT 11

「捨てるほど満たされる」それがハッピーの合い言葉

ピッツェリア チャオ・ゴミーノ

あふれるほどの幸せがほしいなら、
「チャオ!」の声が響くこの店へ。
贅沢と欲求をエネルギーに変える
最先端のファイナルディスティネーション。

INFORMATION

ピッツェリア チャオ・ゴミーノ
予算:ランチ1200円〜
ディナー5000円〜
席数:50席
定休日:年中無休
営業時間:ランチ11時〜15時
ディナー18時〜24時
ハッピー度:★★★★★

ゴミ焼却炉にインスパイアされたオリジナルのピザ釜で焼き上げたオーバーリッチ・ピッツァ（2800円）

気分が沈んでいるとき、一口美味しいものを食べるだけで、元気が出てくることがありますよね！　そんな魔法のような体験ができるイタリアンレストランが、「ピッツェリア　チャオ・ゴミーノ」です。

ヨーロッパの歴史を感じさせる古い鉄扉を開けると、スタッフ全員が笑顔で「チャオ！」と挨拶をしてくれます。それだけでも気分が明るくなること間違いないでしょう。店内に足を進めると、ゴミ焼却場の巨大クレーンを思わせるランプやゴミだらけのピサの斜塔のオブジェが目に入ります。そして、レストランの中央にドーンと鎮座しているのが、ゴミ焼却炉にインスパイアされた**巨大なピザ窯**。その煙突は天井を突き抜けるほどの大きさで、お店の外にまで香ばしい匂いを撒き散らしています。

さらに、お店の雰囲気を盛り上げてくれるのが、店内に飾られている名画たち。ローマで修行していたオーナーが、自らの目で選んだルネッサンス時代絵画の精巧な複製画で、チャオ・ゴミーノの世界観を表しているそうです。特に、ピザ窯の上に飾られている**ミケランジェロのアダムの創造**を彷彿とさせる大きな宗教画は、大迫力！　人類の現在と未来を示唆しているのでしょうか。

そんな雰囲気の中でいただきたいのが、この店の看板メニューである「**オーバーリッチ・ピッツァ**」。持ち上げると破れそうなくらいのヨレヨレの木綿生地に、洋服のタグやシール、ボタン、ジッパーといった服の素材を惜しげもなくトッピングとして使用。見た目はとてもカラフルで、自然

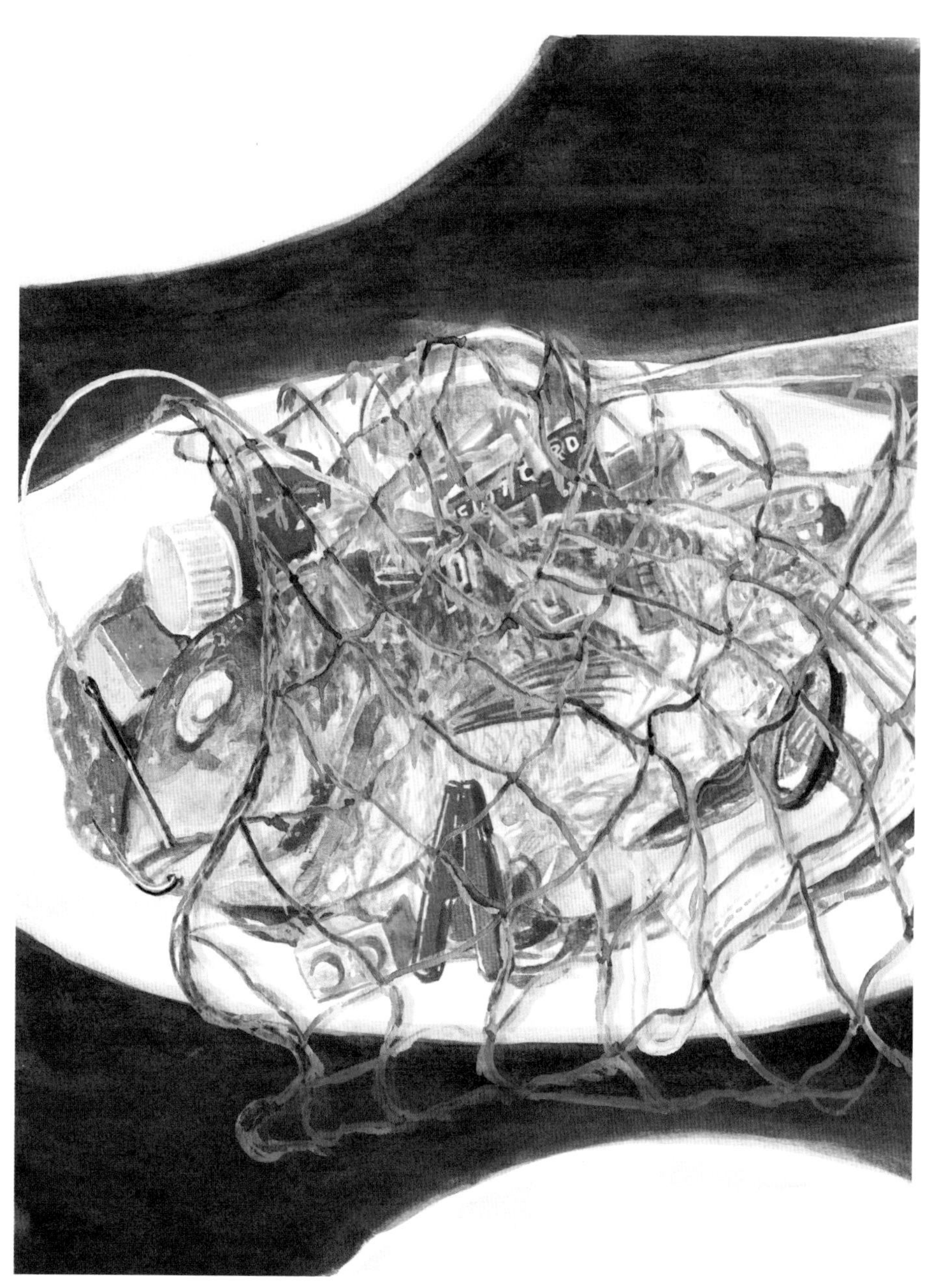

デブリ・アクアパッツァ(3200円)にプラスチックソルトをかけてめしあがれ！　魚の種類は季節で変わります

巨大クレーン型のライト

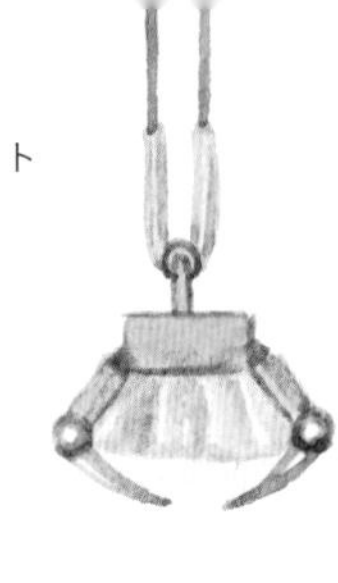

とテンションもアガってしまいます。そして、食べるとボリューム満点。ブルーだった気分も、いつのまにかハッピーになっていることでしょう。

魚好きにおすすめなのが、「**デブリ・アクアパッツア**」です。こちらは、朝どれの新鮮な魚に、一緒にとれた色とりどりのプラスチックなどの海洋ゴミを詰めて蒸し上げた豪快な一品。切り身ではなく丸々一尾の魚からでる出汁と、世界中の海に浮遊している様々な種類のゴミから出た旨味の相乗効果で、驚くほどの美味しい仕上がり。さらに、その上からミル挽きの粗挽きプラスチックソルトを豪快にふりかけると、プラスチックの独特のジャリジャリとした食感が、想像以上の刺激を与えてくれます。

「ピッツェリア チャオ・ゴミーノ」は、その名の通り、訪れる者を元気でハッピーな気分にさせてくれるレストラン。この絶品イタリアンで、心もお腹もしっかりと満たして、明日への活力をチャージしてみませんか？　ただし、いつも人気で大行列ができているので、事前の予約は絶対に忘れずに！

ゴミまみれのピサの
斜塔のオブジェ

オーナーに聞く

チャオ・ゴミーノの3つのこだわりとは？

1

ゴミを焼却することで理想の焼き加減を実現

「ピザ作りでいちばん大事なのは、ピザ窯の温度です。僕もローマでの修行時代から色々なピザ窯を試したのですが、ゴミ焼却炉が一番火力が安定するんですよ。うちは使う食材の部位を厳選しているから生ゴミがよく出るんですが、全部燃やしちゃって燃料にしています。火加減が難しいですが、これを有効利用してどんどん美味しいピッツァを焼いていきたいですね」

2

こだわりぬいたスパイスを使用

「デブリ・アクアパッツァで大事なのは、海洋ゴミの旨味を殺さないようなシンプルな味付けです。そこで世界中のスパイスを試してみて、これだと思ったのがプラスチックソルトでした。ジャリジャリした食感とまろやかな塩味は、プラスチックじゃないと出せない味なんですよ。他にも、食材に何重にも染み込んだ化学物質も旨味の秘訣です」

3

ゴミが多いところは、魅力的な場所である証拠

「よく店名の由来を聞かれるんですけど、『ゴミーノ』とはオリジナルの造語でゴミを意味しています。人がたくさん集まって賑わっている場所は、ゴミがあふれているじゃないですか。この店も、ゴミでいっぱいになるくらいお客さんが来てくれるようにと思って名付けました」

ぺっ！口の中がゴミだらけだ！さて、キミはこのお店に潜む〝絶滅の要因〟はわかったかな？

便利の先にある大量消費の歪み

物を捨てたあとそれがどのような結末をたどるか、考えたことはありますか？　現代社会は物にあふれ、欲しい物・便利なものがすぐに手に入る環境です。しかし物質的な豊かさと快適さの一方で、大量のゴミが廃棄されるという問題も生まれています。

日本の家庭ゴミ（し尿含む）は、環境省によると1年間に約4095万トン（2021年）で、一人あたりにすると約326kgにもなります。しかし、ここには産業廃棄物は含まれていません。産業廃棄物は約3億7057万トン（同）となり、これは一人あたり約2948kgで家庭ゴミと合わせると約3274kgとなります。そして捨てるといっても、適切に処理できているゴミばかりではありません。それが環境・人・生き物たちにどんな影響を与えるかを知ってほしい。それは間違いなくあなたに返ってきます。

POINT 1 焼却炉のようなピザ窯 ＜ ゴミ問題・食品廃棄物

日本は国土の狭さから、ゴミは埋め立てではなく焼却処理をします。ゴミの焼却率は世界一位で、日本のゴミの79・4％は焼却され、リサイクルは19・6％、埋め立てが1％（2019年）となっています。焼却施設の数も1000施設以上あり、こちらも世界トップです。燃やすゴミのうち、生ゴミは約40％を占めています。水分を多

日本人一人あたりの1年間のゴミの量（2021年）

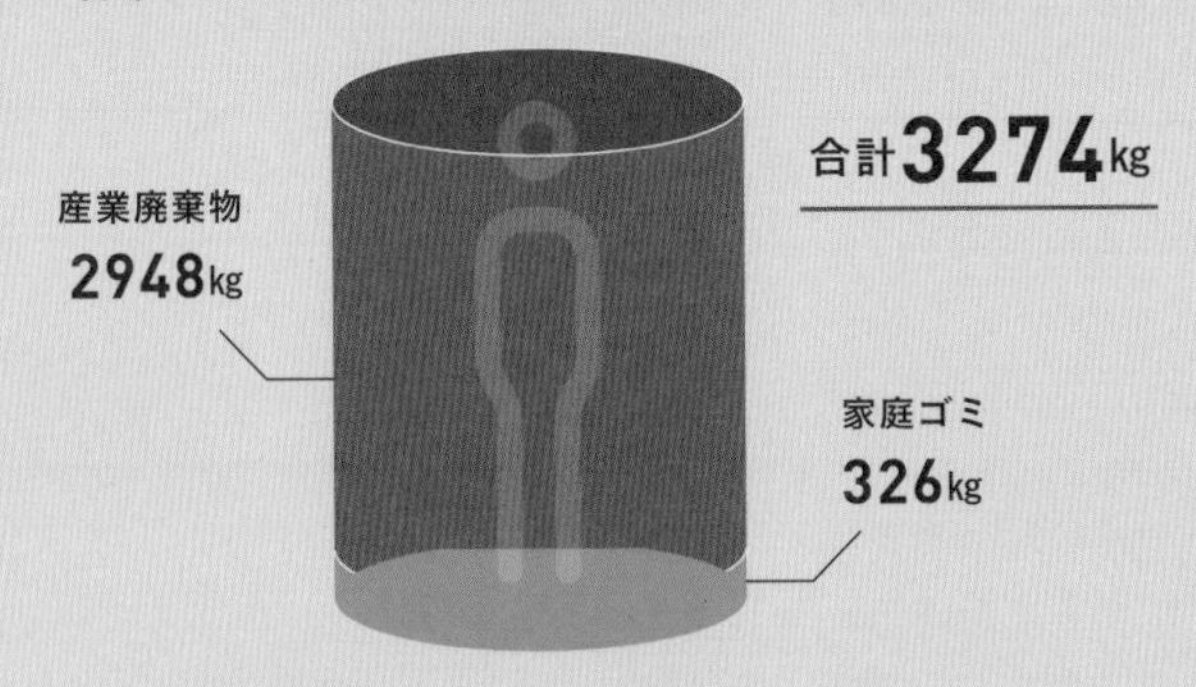

一般廃棄物の排出及び処理状況について（環境省,2021）から製作

く含む生ゴミの焼却には、通常より多くのエネルギーとコストがかかってしまい、排出される温室効果ガスも増えてしまいます。日本全体の家庭ゴミの焼却によって、年間約3060万トンの温室効果ガスを排出しています（2018年）。

再利用されなかった粗大ゴミや不燃ゴミ、燃えたゴミの灰などは最終処理場で埋め立てられますが、2041年には日本にゴミを埋め立てる場所がなくなるという試算が出ています。

ちなみに日本の食品廃棄物は家庭系廃棄物が732万トン、事業系廃棄物が1670万トンで、そのなかでまだ食べられることができる食品ロスは家庭系244万トンと事業系279万トンの合わせて523万トン（2021年）となっており、2000年と比べて53％ほどになりましたが、まだまだ多くの食品ロスが発生しています。この量は国連世界食糧計画（WFP）による食料支援量約440万トンの1・2倍にあたります。

日本の1日あたりの食品ロス（2021年）

我が国の食品ロスの発生量の推計値の公表（環境省,2021）から製作。家庭系と事業系の合算

日本ではゴミは燃やすことが多い　（写真＝春森アオジ）

POINT 2 オーバーリッチ・ピッツァ
ファッション業界の課題

ファッション業界は、大量生産・大量消費・大量廃棄が国際的な課題とされています。2015年の時点で衣服の原料の生産・着用・廃棄までの年間の環境負荷を可視化すると、500万人が生活するのに十分な水（930億立方メートル）、約50万トンものマイクロファイバーを海洋に流している計算となります。温室効果ガスはすべての航空・海運業界を合わせたものを上回る合計約12億トンを排出するほどで、繊維産業は世界第二位の汚染産業（第一位は石油産業）といわれています。

ファッション業界の繊維破棄が大きな問題になっている　（写真＝bdspn）

その他に、繊維の3分の1を占める綿の栽培に使われる農薬は、世界全体の8%、殺虫剤は約16%を占め、さらに衣服の染色と加工は、生産国の水路を汚染していることから、世界で2番目に大きな水の汚染源になっています。特にファストファッションの流行によって、購入してから廃棄されるまでのサイクルが短くなり、製造された衣類の85%はその年のうちにゴミとなり、世界全体で1秒毎にトラック一台分の衣料品が焼却あるいは埋め立てられています。

参考：SUSTAINABLE FASHION（環境省）
https://www.env.go.jp/policy/sustainable_fashion/

POINT 3 デブリ・アクアパッツァ ⇨ 海洋マイクロプラスチック

今、世界の海では、推定で毎年約800万トンのプラスチックが流出して問題となっています。このうち2〜6万トンは日本から流出しています。プラスチックは自然界で分解しにくいためどんどん増え、自然や生物、経済に悪影響をもたらします。実は陸からの70〜80%のゴミが海に流出しています。ポイ捨てやゴミ箱からあふれたペットボトル、風で舞うレジ袋、煙草の吸殻、農地で使用されるシート、マスク、洗濯によって出たプラスチック繊維が、主に川から海へと運ばれます。世界の海洋マイクロプラスチックの35%は、合成繊維の洗濯によって発生しています。

漁業は世界で2億人以上の雇用を支え、30億人以上が水産物を主要なタンパク質源として摂取しています。これだけの大きな産業になると自然への影響も大きくなります。例えば、水産

陸地からのプラスチックゴミが海に流出し、砕けてマイクロプラスチックになる　（写真＝sunrising4725）

資源を獲るための漁具。網やカニ籠・タコ壺などの仕掛け、人工の浮魚礁の集魚装置などが、海に放置・投棄・意図的ではない紛失などによって漁業系廃棄物となり、海で起きるプラスチック汚染の原因の約10％を占めています。海洋ゴミが多く集まる太平洋ゴミベルトという海域では、浮遊するプラスチックのうち、漁具が46％を占めます。こういった漁具のゴミはゴーストギアと呼ばれ、多くの海洋生物が捕まったり絡まったりすることで、窒息や衰弱し、命を落としています。

POINT 4 ミケランジェロの絵画
悪化する南北問題

グローバルサウスという言葉を知っていますか。南半球に多いアジアやアフリカ、中南米地域などの新興国・途上国の総称です。北半球の先進国と対比してサウス（南）と表現します。様々な問題がありますが、ここではグローバルサウスが抱える環境問題について触れます。

グローバルサウスは先進国の汚染物質やゴミの廃棄を受け入れてきました。代わりに資源や農作物を先進国へ輸出しています。先進国の豊かさと引き換えに、現地では自然と人々が傷つき、安全な暮らしが脅かされています。気候変動の影響を真っ先に受けるのは、温室効果ガスをあまり出していないグローバルサウスの人々です。忘れてはいけないのは、公平さを保つことは大切ですが、それはなにも同じ時代の人たちに対してだけではありません。これから大人になる子どもたち、まだ生まれていない未来の人たちに対しても同じです。グローバルサウスや未来へ、ゴミや気候変動を押し付け、彼らの資源を奪ってしまっている現状から、豊かさや快適さを全ての人が享受できるための、〝持続可能な社会の実現〟は急務なのです。

（写真＝AvigatorPhotographer）

先進国のゴミが、グローバルサウスと呼ばれる国々に押しつけられている

居心地のよい
涅槃のようなカフェ

純喫茶ミツバチ

穏やかに自然の豊かさを満喫できる空間。
メニューはかなりゴージャスで、
そのギャップがたまらないレトロカフェ。

INFORMATION

純喫茶ミツバチ
予算：コーヒー・紅茶類600円〜
席数：20席
定休日：毎週月曜日
営業時間：11時〜19時
メメント・モリ度：★★★★★

虫好きならずともついつい長居をしてしまう店内。ノスタルジックでどことなく退廃的

都会の喧騒を離れ、路地裏にひっそりと佇む、知る人ぞ知るレトロ喫茶「純喫茶ミツバチ」。その名のとおり、店内はミツバチのような受粉媒介者（ポリネーター）たちをモチーフとした内装で、ノスタルジックな雰囲気に満たされている。忙しい現代社会からほんのひととき離れて、ポリネーターたちへ思いを馳せてみるのも悪くない。

店内に一歩足を踏み入れると、優しく薄暗い照明が心地よい光を放っている。天井からぶら下がるのは、死んだコガネムシ科のハナムグリのランプだ。暗闇の中に緑の灯りが揺らめく光景は、訪れる人々の心を癒してくれる。流れているBGMは、森の中で聞こえてくる鳥のさえずりや昆虫たちの羽音。ミツバチの死骸のイスは、ひんやりとしたいい座り心地で、何時間でも座っていたくなる。そして足元には羽根がビリビリに破れ、クネクネと曲がった針金のように触角が折れたチョウの死骸でできた大きな絨毯が敷かれている。もちろんチョウもポリネーターの一員だ。

マスターが振る舞う香り高いコーヒーを注ぐピッチャーはハチドリだ。コーヒーの香りに混じって懐かしいおばあちゃんの家のような匂いも……。時を経た家具や装飾品から立ち上る微かなカビ臭さが、どこか懐かしいような安心感を与えてくれる。そんな店内では、たくさんの老若男女たちが**ポリネーターたちの死骸**で作られたアンティークな家具やインテリアに囲まれて楽しそうに語らい、心地よい時間を楽しんでいるようだ。

このお店の名物メニューは、「**搾り尽くし生態系パフェ**」。まさに生物多様性の恵みを存分に味わ

ゴージャスな果実の下には害虫駆除や農薬散布で使用する機器や蛇口の層と、ポリネーターの死骸の層が贅沢に重ねられている「搾り尽くし生態系パフェ」(1500円)と「海の向こうカフェラテ」(600円)

えるスイーツだ。パフェのトップには、マンゴーやさくらんぼなどこだわり抜いた世界中のゴージャスなフルーツが乗せられている。しかもこのパフェ、それぞれのフルーツが、どのように育てられて、どのような影響があったのかというトレーサビリティが一目瞭然。美味しいだけでなく安心して食べることができるのは、うれしい限りだ。

またお客さんの8割以上が注文するというのが、「**海の向こうのカフェラテ**」。この一杯のラテアートには、海外で不公平な条件で取引を強いられているコーヒー農家の涙が表現されており、グローバルビジネスの裏には、弱い立場の人たちがいることを教えてくれる。

昆虫などのポリネーターがモチーフのレトロ喫茶「ミツバチ」だが、虫が苦手な人でも心配無用だ。店内には昆虫をモチーフとした家具や装飾品がたくさんあるが、生きた昆虫は一匹もいない。あるのはただ温かい雰囲気と安心感、そしてこだわり抜かれたパフェとコーヒーや紅茶だけだ。店に入ればそこには、あなたを懐かしさで包み込んでくれる安らぎの世界が待っている。

砂の代わりにコーヒー豆が入った砂時計

オーナーに聞く

「ミツバチ」の名に込めた思いとは？

1

徹底的に生産者の姿を見える化することを追求したメニュー

「ウチで提供している軽食や飲み物のメニューは、生産者の姿がひと目でわかるのが特徴です。産地や国を表示している食べ物は増えてきましたが、ミツバチをはじめとするポリネーターである昆虫や農家の顔の表情まで感じられるのは、世界広しといえどもウチだけなんじゃないでしょうか」

2

今しか楽しめない期間限定コーヒー

「コーヒーの栽培地が減少したり、生産者が少なくなってきて値段がすごく上がってしまうって知っていました？　うちのハチドリで淹れるコーヒーも、農家の顔を描いたラテアートも、いつ飲めなくなってしまうかわからないんですよ！　今しか味わえないので、早めに楽しんでいただきたいですね」

3

人間のためだけに用意された自然空間

「うちはビル街の路地裏にありますが、お客様のためだけに用意された快適な自然を体験できる空間なんです。自然を感じるのに、生きた虫は一匹もいないので、虫刺されの心配もない。まさに都会の中にありながら、自然を体験できるオアシスなんです」

なんか、落ち着くというより物悲しいお店だ。さて、キミはこのお店に潜む〝絶滅の要因〟はわかったかな？

昆虫と人類 ～コーヒーカップに満たされる死骸と悲哀

人類が食料として利用している食物の75％近くは、少なくとも部分的に花粉媒介者、つまりポリネーターに依存しています。世界の年間食糧生産の2350億ドル～5770億ドルが、ポリネーターによって生み出されたと考えられています。生産者というと、農家の人の顔を思い浮かべますが、実はそこに昆虫や鳥たちも含まれていることを忘れてはいけません。世界の人口は80億人を超え、ますます食料供給が重要になりますが、多くの地域でポリネーターが減少しています。いつまで人類は、ポリネーターたちの死骸の上で、楽しくティータイムを楽しんでいられるのでしょうか。

参考：国連食糧農業機関「なぜミツバチが重要なのか」

POINT 1 ポリネーターたちの死骸 昆虫の大量絶滅

気候変動と土地利用の変化などによって、世界中で昆虫の数が減少しています。花の咲く植物の90％以上は、昆虫を始めとするポリネーターによって繁殖しているので、この現状はとても危険と言えます。

ミツバチの仲間のマルハナバチは、農作物を含む多くの植物のポリネーターで、世界では約250種類生息していますが、多くが冷涼な気候に適応しており、急激な気温の変化に適応できません。75％以上が40～60年以内に絶滅の危機にあると予測されています。

私たちの食料を支える農業だが、環境負荷が高い一面がある　（写真＝fotokostic）

昆虫以外のポリネーターをみると、毎年平均2・4種の受粉媒介鳥類（ハチドリ、メジロなど）と哺乳類（主にコウモリ）が絶滅に向かっています。国連食糧農業機関（FAO）によれば、ポリネーターの減少が進めば、世界の75%以上の主要作物の生育に影響が出て、世界的な食糧不足につながるとしています。

POINT 2 搾り尽くし生態系パフェ
食料生産と生態系破壊

国連食糧農業機関（FAO）の分析によれば、現在の農業・食料システムには、健康、環境、社会にマイナスの影響を与える「隠れたコスト」があり、年間10兆ドル相当と試算されました。このうち、温室効果ガスや窒素の排出、土地利用の変化、水使用などによる環境に関するコストは5分の1とされましたが、分析が難しいため、実際はもっとコストがかかっているだろうと考えられます。

特に環境負荷の高い農業は生態系を傷つけてしまいます。「生態系」とは、生き物たちと、それらが生きる自然環境を合わせたものを指します。自然環境とは、大気や水や日光といった生き物以外のものです。生態系において、生き物同士が相互作用し、さらに無機的環境とも相互作用して、様々な機能やサービスを生み出しています。大規模な農地開発による森林伐採やポリネーターたちに悪影響を与えるネオニコチノイド系農薬の使用、地下水の汲み上げすぎ、単一農業などにより、地域全体の生物多様性が減少し、生態系の機能や恩恵も損なわれる事態が広がっています。

無農薬・有機栽培は世界人口が必要

ミツバチなどのポリネーターは私たちの食料を支えている存在だ　（写真＝kojihirano）

農薬は農業にとってとても重要なものだが、まだ課題も多い　（写真＝Anton Skripachev）

とする食糧供給を担保できないわけではありませんが、今の農業はグローバル経済下における生産競争下にあり、また食品廃棄物なども加わって、環境負荷が高い大規模な農業が主流です。世界人口をまかなう食料供給と、持続可能な農業は本来、両立可能ですが、それには自然資源の持続的活用を前提に、「地産地消」が重要です。

我々消費者は、スーパーやレストランに並ぶ食材がどのように生産され、どのような経路で流通しているのかを、知る責任と選ぶ権利があり、一方で企業は、消費者に対しそういった情報をクリアに、かつ簡単にアクセスできるようにしなければいけません。

参考：国世界食料農業白書（SOFA）2023年版

POINT 3

海の向こうのカフェラテ
グローバルビジネスの闇

コーヒー豆の値段を決めるのは誰だと思いますか？　実は生産者ではなく、遠く離れたニューヨーク証券取引所なのです。生産者たちのほとんどが小規模農家のため、マーケットの動きの情報を手に入れるのが難しく、市場への販売手段を持っていません。

そして不安定なコーヒー豆の価格のせいで、農家の収入が安定しません。こういった理由から、コーヒー農家の立場は弱く、不利な条件で取引されています。低所得は児童労働につながり、子どもたちの健全な教育や成長を阻害してしまいます。我々消費者のカップに注がれるまでに、仲買人や商社などの業者たちを仲介するため、コーヒー農家の取り分は、コーヒー一杯の1〜3％ほどといわれています。

そして、農薬が現地の人に与える影響も問題です。限られた地域でしか生産できないコーヒー豆の需要をまかなうために、大量生産を余儀なくされた結果、害虫や病気から守るために、農薬や肥料を大量に使用しなければならないのです。

世界中で愛飲されるコーヒーはグローバルな存在だが、生産現場には様々な問題がある
（写真＝Rod Esca）

POINT 4 コーヒー豆の砂時計

気候変動の先にある未来

温暖化が、栽培地が限られたコーヒーに大きな影響を与える
(写真＝DC_Colombia)

コーヒー栽培に適した地域は、北緯・南緯25度の「コーヒーベルト」と呼ばれています。コーヒーの生育条件として、標高・昼夜の寒暖差・適度な降雨量が必須です。そんななか、気候変動によって雨季と乾季の境目や昼夜の寒暖差がなくなり、生育に悪影響を及ぼすさび病や害虫が増加しています。コーヒー農家の90％以上は小規模農家なので、収穫量が減り品質も下がると収入が落ち、農家を続けることができなくなります。2050年には、現在のコーヒー栽培に適した地域が大幅に減少すると予測されており、これを「コーヒーの2050年問題」と言います。

児童労働はコーヒー産業の課題のひとつ
(写真＝Joel Carillet)

主なコーヒー生産国であるブラジル、ベトナム、インドネシア、コロンビアの、最も栽培が適した場所は50％以上減少し、中程度の適した場所は31％減ると予想されています。その他に、コーヒー栽培自体も環境に大きな負荷を与えています。農場拡大のため熱帯雨林や泥炭地を破壊したり、農薬使用量が食品の中で一位なのです。増え続ける需要をまかなうために、コーヒー栽培は環境破壊の一因となっていますが、先進国でコーヒーを楽しむ我々にも責任の一端があるといえます。

コーヒーの向こう側では、
誰が泣いている？

これが本物。
真実のドーナツをあなたに

トゥルードーナツ

たかがドーナツと言うなかれ。
ひと口食べたら、世界の真実に目覚め、
誰にも左右されない本当の人生を歩むことができます。

INFORMATION

トゥルードーナツ
予算：ドーナツ1個300円〜
席数：30席
定休日：年中無休
営業時間：8時〜22時
ハマリ度：★★★★★

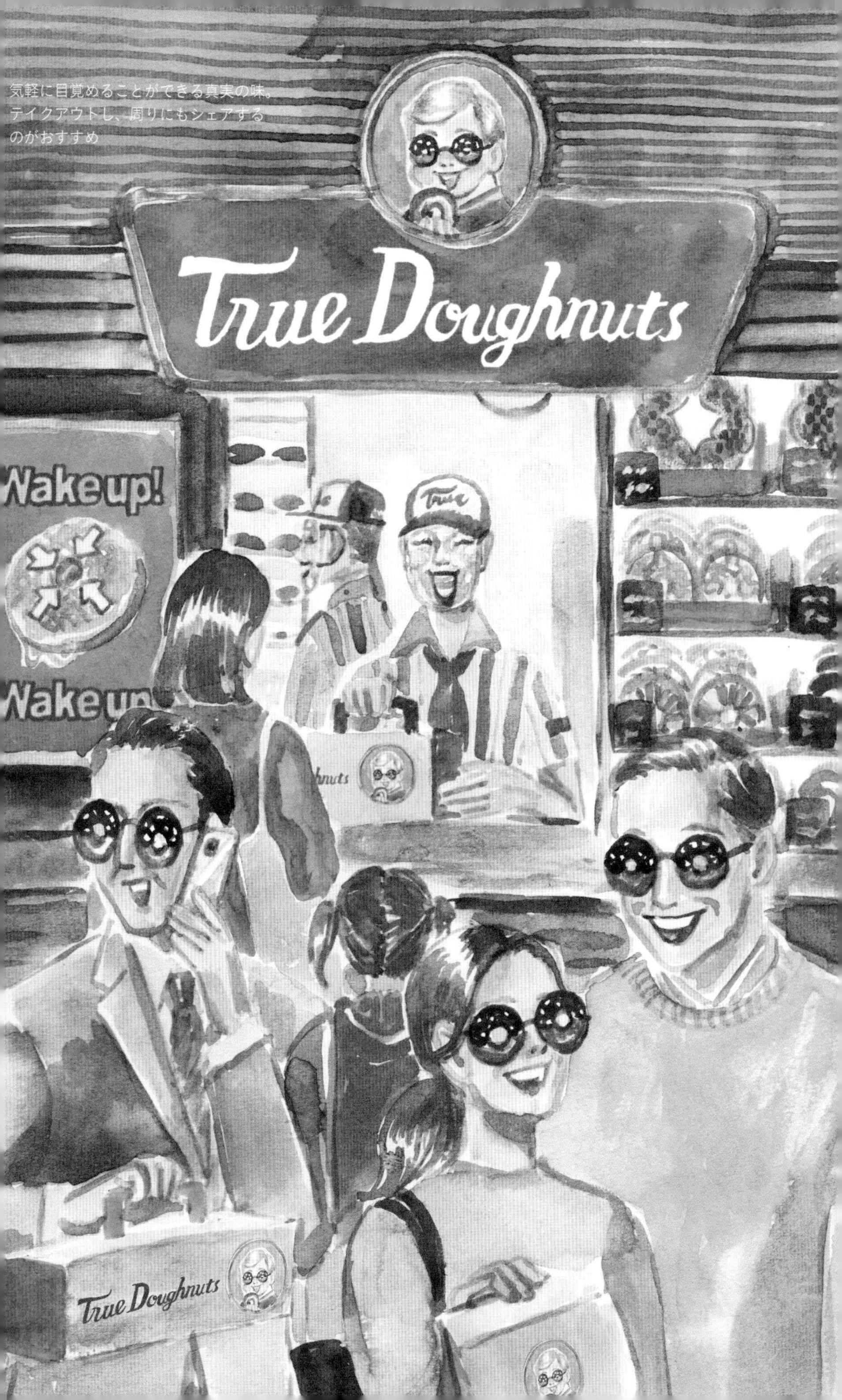

気軽に目覚めることができる真実の味。テイクアウトし、周りにもシェアするのがおすすめ

今回は、真実の味を味わえると評判のドーナツチェーン店、「トゥルードーナツ」をご紹介します。このお店のトレードマークは、ドーナツのメガネをかけて満面の笑みを浮かべているキャラクター「バイアスボーイ」！　そして、店内に一歩足を踏み入れると、「バイアスボーイ」と同じような笑顔のマスクで顔全体を覆った店員がフレンドリーに「いらっしゃいませ！」と出迎えてくれます。あまりにも完璧な笑顔のマスクの裏には、業界ナンバーワンを目指す熱い想いが隠されているとの噂です。

店に入って、まず目に飛び込んでくるのは、ドーナツのショーケース。他のドーナツ店なら自分でショーケースからドーナツを取り出すところが多いですが、ここでは店員さんが手際良く取り出してくれます。自分の手を煩わさなくても済むのが嬉しいですね。この店でおすすめなのが、創業当時から変わらない看板メニューである「バイアス・ハニードーナツ」。ハチミツでコーティングされたドーナツは、一口食べたらとろけるような甘さが広がります。一部の熱狂的なファンのなかには「これこそが真実のドーナツだ。これ以外はドーナツではない」とまで言う人もいるそう。真ん中の穴に向かって矢印の模様が描かれており、これをメガネのようにして写真を撮るのがSNS映えすると人気です。

さらに、話題を集めている新メニューが、「インボウロン・デ・リング」。カラフルな17色のドーナツは、まさにSNS映えすること間違いなし！　しかも今なら「#真実の味に目覚めた」「#これ

定番のバイアス・ハニードーナツ(300円)は合理的推定の域を超えて真実の味がすると話題。映えるカラーが魅力のインボウロン・デ・リング(360円)はSNS時代の新メニュー。大きいけれどつかみ所がないビッグシェア(800円)

以外はドーナツじゃない」とSNSにアップすると、永久に割引料金で利用できる特別会員になれるキャンペーンを実施中です。「選ばれた者にしかそのチャンスはやってこない！」と謳うこのキャンペーンに、是非参加しましょう。

そしてもうひとつ紹介したいのが、「**ビッグシェア**」という巨大ドーナツ。実際に手にしてみると、その大きさにきっと驚くはず！　気になる味は、砂糖がたっぷり使われていて、濃厚な甘さがクセになります。これはまさにシェア必須！　センセーショナルなニュースをシェアするような感覚で、なるべくたくさんの人に感想を伝えて、深く考えずにその甘さに酔いしれたいものです。

これらのドーナツをより一層楽しむためのドリンクが、オリジナルブランドの「シンジツヲミルク」です。ミルクのまろやかさがドーナツの甘さを引き立て、きっとあなたも真実の味に目覚めることができるでしょう。

「目覚めるひとくち、真実の味」、それがトゥルードーナツの魅力。ここのドーナツの美味しさに目覚めてしまったら、もう他のドーナツ店に行く人のことが信じられなくなるはず。なぜなら、トゥルードーナツ以外のドーナツは、全て偽物だと思えてくるからです。さあ、あなたもすぐにトゥルードーナツに足を運んで、一刻も早く真実の味に目覚めてください！

ビッグシェアは誰かと真実を分かち合う新コンセプトのドーナツ

創業者にインタビュー

トゥルードーナツの理念とは？

2003年、ひとつの小さなドーナツ屋が誕生しました。その名は「トゥルードーナツ」。それ以来、人々の心を温め続けているこのチェーン店の奥底にある哲学について、創業者に話を聞きました。

――「トゥルードーナツ」という名前の由来は何でしょうか？

「私たちがドーナツを作り続ける理念は、社会の1人1人の思いに寄り添うことです。この不安定な世界情勢の中で、ドーナツの中心の穴から覗いてみた世界が、もっと素敵に見えるようにという思いを込めています。店名の『トゥルー』は、英語の〝true〟（真実の）から来ています。私たちのドーナツを通じて、自分の見たいように世界を見る自由を伝えたいんです。その世界こそが真実であるべきなのだから」

――ドーナツ型の眼鏡がお似合いですね。

「わたしはこれをトゥルー・グラスと呼んでいます。この眼鏡を通して社会を見ると、真実が見えてくるんですよ。それは私たちがお客様に提供しているドーナツで真実が見えるのと同じなのです」

――「あなたは1人じゃない、あなたなら大丈夫」というキャッチコピーは非常に心に残りますね。それに込めた意味とは？

「この言葉は、お客様一人一人の存在や意見を大切にし、それを肯定する場所を作りたいという想いを表しています。孤独を感じている人こそ、トゥルードーナツに来ていただきたい。あなたのことをわかってくれる仲間がきっといるはずです『トゥルードーナツ』は、ただのドーナツチェーン店ではありません。社会の一人一人の心に寄り添い、真実の味を伝え続けていくという哲学は、これからも多くの人々に響いていくと思っています」

なんか、みんな笑顔が不自然だなあ…。さて、キミはこのお店に潜む〝絶滅の要因〟はわかったかな？

「わたしの真実」が暴走するSNS

現代人は、様々なマスメディアやSNSによって、膨大な情報にさらされています。しかし、世界をありのまま見たり、適切な情報を選ぶことは、想像以上に難しいことです。特に、戦争や災害、選挙など、政治的・社会的に大きな変動がある度に、陰謀論やフェイクニュースが数多く生まれます。

環境問題のなかでも、特に温暖化や気候変動に対して、陰謀論を持ち出す懐疑的な人が多いのも事実です。これには、様々な偏見や先入観、歪んだデータや、一方的な思い込み、誤解などの「認知バイアス」が多くの人のなかに存在し、さらに悪意あるデマやフェイクニュースが多くはびこる分野だからです。

POINT 1 バイアス・ハニードーナツ

ネットで増幅する「真実」

「自分だけが世界の真実を知っている」と考えてしまう人が一定数います。これは、その分野の能力が低い・経験がない人ほど、根拠のない自信を持ち、物事をわかった気がしてしまうという人間の心理の一面です。このような認知バイアスと、SNSなどのサービスの特性が組み合わさることで、偏った思想がより強化されるのです。ネットのアルゴリズムが検索履歴などを分析・学習し、そのユーザーの嗜好に偏った情報ばかり表示されてしまいます。

また、SNSで同じ趣味・思想の人でできた狭いコミュニティで同じような意見を見聞きし続けることで、自分の意見が増幅・強化され、異なる意見を一切排除しようとするなどの状態が作り出されて問題視されています。

ウェブやSNSの負の側面が問題視されている
（写真＝Urupong）

SNSとの距離感を常に意識しよう

POINT 2 インボウロン・デ・リング
さまざまな陰謀論者

陰謀論とは平たくいうと、「大きな出来事の原因を、強い影響力を持つコミュニティの企みによって仕組まれた」と説明しようとすることです。重要な出来事の裏では、巨大な力がうごめいていると思考することで、客観的事実よりも荒唐無稽な陰謀論を支持してしまいます。陰謀論を発信するのは、信念のもと行われる場合と金銭目的のビジネスの場合があります。

例えば、温暖化懐疑論というものがあります。人為的な温暖化は起きていないとする考え方です。これは気候変動対策で規制が導入されることでデメリットを被る産業などの保守派などが支持しています。そもそも温暖化はないという考えや、温暖化は認めても、影響は深刻ではない、対策しても意味がない、もっと他に重要な問題があるなどと、主張する人たちもいます。このような陰謀論は、ときとして社会の多くの局面でブレーキをかけたり、混乱をもたらす可能性があります。

POINT 3 ビッグシェア
フェイクニュースの拡散

陰謀論と似ている問題にフェイクニュースがあります。フェイクニュースは、真偽を（ある程度）判別できるものです。例えば、2016年に発生した熊本地震の際に、SNSで「近くの動物園からライオンが逃げた」といった投稿が拡散されました。実際には、その写真は映画の一コマで、そのフェイクニュースを投稿した男性は逮捕されました。こういった嘘だと判断つくものはフェイクニュースです。しかし、中には専門知識がないと見破れないものや、生成AIにより精巧に作られた画像によって判別が難しいものも多くあります。こういった不確かな情報はセンセーショナルで、人の感情を揺さぶり、SNSで拡散されやすい傾向にあります。悪意がなく良かれと思って情報を精査せず拡散してしまったり、主観的な解釈によって伝言ゲームのように内容が変わってしまうなど、あらゆる人にフェイクニュースに加担する潜在的な危険があります。「正しい」かどうかよりも、「適切」かどうかを意識して情報に触れることが大切です。

2021年に起きたアメリカ大統領選にまつわる暴動もフェイクニュースが一因だった
（写真＝Tyler Merbler）

絶滅を注文しないための おすすめの情報源

信頼できて、わかりやすい情報源から学ぶ機会を増やそう！

書籍

外来種問題を知るには

「池の水」抜くのは誰のため?
暴走する生き物愛
（新潮社）

外来種問題の根幹は人同士の問題だとわかる、とても読みやすい本だ！

侵略！外来いきもの図鑑
もてあそばれた者たちの逆襲
（パルコ）

ポップなイラストで、さまざまな外来生物を知ることができるきっかけに！

生物多様性を知るには

図解でわかる
14歳から知る生物多様性
（太田出版）

わかりやすい！生物多様性の入り口にどうぞ！

生物多様性
「私」から考える進化・遺伝・生態系
（中央公論新社）

本質的な理解につながる、WoWキツネザルのバイブルだ。

「思い込み」を知るには

陰謀論
民主主義を揺るがすメカニズム
（中央公論新社）

社会に潜む陰謀論とは？を冷静に分析する一冊だ！

気候変動を知るには

THE CARBON（カーボン） ALMANAC（アルマナック）
気候変動パーフェクト・ガイド
（日経ナショナル ジオグラフィック）

気候変動の原因からいろんな影響まで、一気に網羅されてるぞ！

地球があぶない！
地図で見る気候変動の図鑑
（創元社）

直感で理解しやすいインフォグラフィックがいっぱいだ！

ゴミ・汚染問題を知るには

脱プラスチックへの挑戦
持続可能な地球と世界ビジネスの潮流
（山と溪谷社）

グローバルな視点でプラスチックの課題を知りたいならこれ！

地球をめぐる不都合な物質
拡散する化学物質がもたらすもの
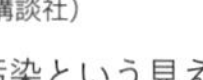
（講談社）

汚染という見えないものを適切に恐れるために必要な一冊だ！

昆虫の減少を知るには

昆虫絶滅
（早川書房）

今この本を読んでおかないと、将来絶対後悔するかも！知らなかったではすまない内容だ。

ウェブメディア

▶「WWFジャパン」
Instagram：**@wwfjapan**
世界的な環境問題や絶滅危惧種たちの情報を知りたいなら、まずはこちらをフォロー！

▶「サステラ 地球を知るブログ」
Instagram：**@susterra_net**
さまざまな社会課題を手軽に学べるぞ！ 見やすいのでどんどん学べちゃう！

▶「ナスデイリー@1分間大冒険！」
Instagram：**@nasdailyjapan**
世界中の社会課題を解決するアクションを紹介！ ヒーローたちに出会えるぞ！

▶「NO YOUTH NO JAPAN」
Instagram：**@noyouth_nojapan**
政治と環境問題は切ってもきれない関係。わかりやすくポップに学べるぞ！

▶「IDEAS FOR GOOD」
HP：**https://ideasforgood.jp/**
世界を素敵に変えるようなアイディアがいっぱいだ！ おしゃれで見やすいぞ！

▶「マーシーの獲ったり狩ったり」
YouTube：**@marsy-catchinghanting**
外来種問題をガサガサという生き物採取を通して学べるぞ！ WoWキツネザルの友達だ！

▶「RICEメディア1分間で社会を知るメディア」
Instagram：**@rice.media21**
具体的なアクションをしている人たちを紹介！ トムさんの体当たり企画も最高！

▶「へんないきものチャンネル」
YouTube：**@henchrou**
生き物の雑学からニュースまで、しっかり学べて、ゆるく楽しめるぞ！

▶「オイカワ丸」
X：**@oikawamaru**
生物多様性について、初心者にもわかりやすく発信されているぞ！

大量絶滅を知るには

〈正義〉の生物学
トキやパンダを絶滅から守るべきか
（講談社）
難しい議論や極端な正論に真正面から答えてくれる最高の本。

〈絶望〉の生態学
軟弱なサルはいかにして最悪の「死神」になったか
（講談社）
是非、『〈正義〉の生物学』とセットで多くの人に読んでほしい。読みやすくて学びが多いぞ！

水産資源の問題を知るには

結局、ウナギは食べていいのか問題
（岩波書店）
ウナギの保全と食文化。その両方を守りたい人に。

海とヒトの関係学 ①
日本人が魚を食べ続けるために
（西日本出版社）
海に囲まれた日本に住む人にこそ、読んでほしい一冊だ！

具体的なアクションを知りたいなら

これってホントにエコなの？
（東京書籍）
具体的で効果的なアクションを知ることができるガイドブックだ！

DRAWDOWNドローダウン
―地球温暖化を逆転させる100の方法
（山と溪谷社）
まだまだやれることがある！ さまざまな手法・視点を手に入れたい人に。

あとがき

いかがでしたでしょうか。数々の絶滅体験レストランは、お口に合いましたか？

「そんな馬鹿な！」
「気持ち悪い」
「いやでも、もしかしたら……」

様々な感情があなたの心に生まれているはずだと思います。その心のゆらぎこそ、「無関心」や「他人ごと」を壊すことができる〝きっかけ〟なのです。

この「無関心」や「他人ごと」という心の状態はとても厄介で、今起きている環境問題の原因でもあり、解決するにあたっての最大の障壁といっていいでしょう。

近代化された社会というのは、当たり前に成り立っているように見えて、実は多くの犠牲や悲鳴を見えないように隠してしまっています。

犠牲となっているものは、自然環境や生命、そして人権などです。これらは、何ものにも変えがたい尊いものなのですが、人間社会をこれまで通りの状態に保つため、あるいはこれまで以上に成長させるために、ただただ「資源」として消費、あるいは搾取されてしまっています。その現状の一部は、本書で体験していただけたと思います。

ですが普通に暮らしているだけでは、気候変動のニュースは聞き流してしまうし、異常なほどの昆虫の減少に気づくことはとても難しいことです。気づいた時にはもう遅いなんて、そんな悲しい結末を招きたくはありません。大丈夫。まだ、間に合います。そのためには、この『絶滅体験レストラン』で触れた違和感をもとに、「日常に隠れている犠牲や悲鳴は、自分につながっているかも？」と疑うことから始めてください。そうすると、色んな声が聞こえてくるはずです。

見えないものに支えられていることに想いを巡らす想像力と、見えないものに配慮する思いやりを持つ人が一人でも増えれば、現状は必ず良くなっていきます。現状を知ると、絶望してしまうかもしれません。でも心配はいりません。ＷｏＷキツネザルをはじめ多くの人が、現状を変えようと戦っています。決して、一人じゃありません。

この現状を変えたいと思った瞬間から、あなたは地球を救うヒーローなのです。この本が、あなたと世界中で戦う仲間たちがつながる架け橋となれたら嬉しいです。

またな！　ヒーロー!!

２０２４年３月　ＷｏＷキツネザル

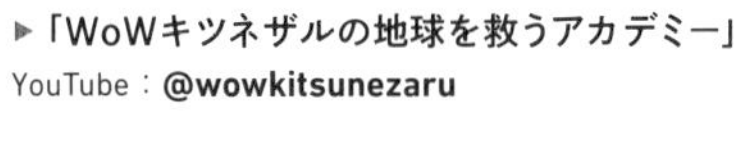

WoWキツネザル（ワオキツネザル）

マダガスカルに生息する絶滅危惧種のワオキツネザルをモチーフに、軽快なトークで環境問題や生物多様性を学ぶきっかけを生み出す富山県出身の環境系エンターテイナー。環境問題・生物多様性に関する企画・制作・出演を手掛ける。無関心層がいかにワクワク楽しみながら問題を知り、考えるきっかけになるかを第一に考えた企画づくりをしている。環境省、東京都、富山県、石川県、サラヤ株式会社、日本クマネットワーク、九州朝日放送、上野動物園など省庁や企業、NPO、メディア、動物園水族館とコラボを行い、教育機関や行政からの講演依頼も多い。日本各地のみならず海外取材も行っている。

澁谷玲子（しぶやれいこ）

新潟県出身・在住のイラストレーター。本来は食べ物の絵が得意。

編集	神谷有二・平野健太
写真	iStock・編集部
編集協力	大関直樹・山崎剛弘（Afro&Co.）
Special Thanks	いつも支えてくれる家族、Afro&Co.、さかなのおにいさん かわちゃん、さかな芸人ハットリさん、ガサガサ系Youtuberマーシーさん、野間隆太郎さん、認定NPO法人グリーンバード、環境省、株式会社SARAYA、生態工房、いつも応援してくれるみんな、環境を守ってくれているすべてのヒーローたち

絶滅体験レストラン
もしも環境問題が13の飲食店だったら

発行日　2024年5月5日　初版第1刷発行

文　WoWキツネザル
発行人　川崎深雪
発行所　株式会社 山と溪谷社
〒101-0051 東京都千代田区神田神保町1丁目105番地
https://www.yamakei.co.jp/

印刷・製本　株式会社光邦

◉乱丁・落丁、及び内容に関するお問合せ先
山と溪谷社自動応答サービス　TEL. 03-6744-1900
受付時間／11:00-16:00（土日、祝日を除く）
メールもご利用ください。
【乱丁・落丁】service@yamakei.co.jp 【内容】info@yamakei.co.jp
◉書店・取次様からのご注文先　山と溪谷社受注センター
TEL. 048-458-3455　FAX. 048-421-0513
◉書店・取次様からのご注文以外のお問合せ先
eigyo@yamakei.co.jp

ISBN978-4-635-31050-5